Unser Hund

AUTOR: HORST HEGEWALD-KAWICH | FOTOGRAF: OLIVER GIEL

Inhalt

4 Unser treuester Freund

5 Eine innige Beziehung
6 Vom Raubtier zum Gefährten
6 Wie alles begann
6 Die ersten Hunde
7 Info: Verhalten von Wolf und Hund
8 Das Prinzip der Zucht
8 Die unterschiedlichen Rassen
9 Tabelle: Auswahl bekannter Rassen der FCI-Gruppen
10 Hunderassen im Porträt
12 Ein Hund soll es sein
12 Was braucht Ihr neuer Freund?
13 Das sollten Sie vorab klären
13 **Experten-Tipp:** Passt ein Hund zu Ihnen?
14 Den richtigen Hund finden
14 Aus guten Händen
16 Die Grundausstattung

18 Ein vitales Hundeleben

19 Hoppla, hier komme ich
20 Willkommen zu Hause
20 Schnell stubenrein
21 **Tut gut – Besser nicht**
22 Ausgewogene Ernährung
23 Tipp: Regeln beim Füttern
24 Körperpflege gehört dazu
24 Das Basisprogramm
26 So bleibt Ihr Hund gesund
26 Hier ist Vorsicht geboten
27 Tipp: Das hilft bei Durchfall
29 Tabelle: Die häufigsten Erkrankungen
30 Fortpflanzung der Hunde
31 **Experten-Tipp:** Verantwortungsbewusste Haltung
32 Ein Herz für Hundesenioren
33 Gesund bis ins hohe Alter

34 Ein gutes Miteinander

35 Von Menschen und Hunden
36 Den Hund verstehen
36 Info: Können Hunde lächeln?
36 Die »Sprache« des Hundes
39 Tipp: Den ganzen Hund beobachten
40 **Auf einen Blick:** Der Körper des Hundes
42 Die Erziehung des Welpen
43 Tipp: Hunde-Erziehungsratgeber
44 Die Grunderziehung
44 An der lockeren Leine gehen
45 Bei Fuß gehen
45 **Experten-Tipp:** Eine gute Hundeschule erkennen
46 »Sitz« und »Bleib«
46 »Platz« und »Bleib«
46 »Hier« oder »Komm«
47 »Nein«

47 »Pfui« und »Aus«
48 Mit dem Hund unterwegs
50 Problemhunde
50 Tipp: Bleiben Sie konsequent
52 Spielen und Beschäftigen
52 Ein lehrreiches Vergnügen
53 Tipp: Spielregeln sind wichtig
54 Tabelle: Beliebtes Hundespielzeug
57 Sport mit dem Hund
58 Info: Spaß am Hundesport
59 Urlaub – wohin mit dem Hund?

Extras

60 Register, Service, Impressum
64 GU-Leserservice
Umschlagklappen:
   Verhaltensdolmetscher
   SOS – was tun?
   Die 10 GU-Erfolgstipps

Unser treuester Freund

Von allen Haustieren, die der Mensch im Laufe der Jahrtausende zähmte, kommt dem Hund eine besonders herausragende Rolle zu. Als unser ältester Weggefährte ist er zugleich das Symboltier der Wachsamkeit und Treue.

Eine innige Beziehung

Mehr als zehntausend Jahre lebt der Mensch schon mit dem Hund zusammen. Und so verwundert es auch nicht, dass wir ihm in Märchen und Mythen, Religionen und Redewendungen immer wieder begegnen, ebenso wie in der Literatur und bildenden Kunst, in Film und Fernsehen. War der Hund in der Vergangenheit jedoch vorwiegend Beschützer, Hüter der Herden, Jagdgenosse und Kampfgefährte, erfüllt er heute immer mehr soziale Aufgaben. Kein Wunder, geht er doch aufgrund seines angeborenen Sozialverhaltens eine enge Bindung zu seinem Besitzer ein, ordnet sich ihm bedingungslos unter und verteidigt ihn aus vollem Herzen.

Der Hund in der Geschichte

In den alten Kulturen Chinas und Indiens waren Hunde ebenso bekannt wie im Abendland. Die Spartaner beispielsweise jagten mit Hunden, die das Wild umkreisten, sodass die Jäger es mit ihren Lanzen erlegen konnten. Zur Zeit Alexanders des Großen erreichte die Kriegshundezucht ihren Höhepunkt. Diese »Molosser« waren es auch, die während der Christenverfolgung in den Stadien Roms auf Menschen gehetzt wurden. Selbst in den mythischen Vorstellungen vieler Kulturen tauchen Hunde auf – nicht selten als Mittler zwischen Diesseits und Jenseits, etwa als Begleiter von Göttergestalten, als Wächter des Totenreichs oder als Werwolf. Wer im alten Ägypten einen Hund tötete, wurde selbst mit dem Tode bestraft. Die Beziehung des Menschen zum Hund war eben schon immer enger als zu anderen Tieren. Und so kommt es, dass heute viele Hunde beinahe als Familienmitglied oder Partner angesehen werden. Damit das Zusammenleben gut gelingt, ist es jedoch wichtig, dass die ureigenen Bedürfnisse des Hundes nicht zu kurz kommen.

Vom Raubtier zum Gefährten

Nach langer Unsicherheit steht nach neuesten DNA-Analysen (genetische Untersuchungen) endlich fest: Der Wolf *(Canis lupus)* ist der alleinige Stammvater des Hundes *(Canis familiaris)*. Somit ist unser Haushund seiner Abstammung nach ein Raubtier aus der Gruppe der Caniden (Hundeartigen). Sein Körperbau, seine Sinne und seine Organe gehören zu den typischen Merkmalen eines Hetzjägers. Auch wenn ihm der Mensch verschiedenste Körpergrößen, Körperformen und vor allem unterschiedliche Haarkleider angezüchtet hat, stammt er doch von einer einzigen Wildart ab: dem Wolf.

Wie alles begann

Jahrtausende lebte der nomadisierende Urmensch als Jäger und Sammler mit dem Wolf in einer Art Lagergemeinschaft, von der beide profitierten. Die Wölfe entsorgten zum einen die menschlichen Abfälle und Exkremente. Zum anderen warnten sie durch ihr Fluchtverhalten vor nahenden Feinden oder Raubtieren. Im Laufe der Zeit schlossen sich einzelne Wölfe wahrscheinlich immer enger an die Menschen an. Und als die erste Wölfin in der Obhut der Menschen ihre Jungen warf, war dies der erste Schritt vom Wildtier zum Haustier.

Die ersten Hunde

Unsere Urväter zähmten die Wölfe aber nicht nur einfach. Sie isolierten jahrtausendelang die sich freiwillig dem Menschen anschließenden Wölfe von ihren wilden Artgenossen und »züchteten« so den Hund nach ihren Vorstellungen. Damit gelang ihnen die erste große Kulturleistung in der Geschichte der Menschheit. Sie hatten die Grundlage der Domestikation genutzt: Lebewesen, die den Vorstellungen der Menschen entsprechen, gezielt miteinander zu kreuzen und zu vermehren.

Schutz und Begleitung Zunächst brachte der Hund dem Menschen zwar keinerlei wirtschaftlichen Nutzen. Er begleitete ihn einfach. Erst als unsere Ahnen sesshaft wurden und begannen Schafe, Ziegen und Rinder zu halten, ergaben sich

Vor 1000 Jahren schloss sich der Wolf dem Menschen an. Seine Nachfahren wurden zu unserem treuesten Begleiter.

Obwohl Größe, Fell und Farbe es kaum vermuten lassen: Auch in diesem kleinen Energiebündel steckt immer noch der Wolf.

Dieser Deutsche Schäferhund dagegen hat immer noch eine ziemlich große Ähnlichkeit mit seinem wilden Verwandten.

vielseitige Verwendungsmöglichkeiten für ihre vierbeinigen Gefährten: Sie schützten die Herden und Behausungen und waren nützliche Jagdgehilfen. Seit der Jungsteinzeit nahm daher die Formenvielfalt der Hunde durch die bewusste Vermehrung deutlich zu und führte zur Entwicklung verschiedenster Hundeschläge. Von Rassen konnte man zu dieser Zeit allerdings noch nicht sprechen, da die Hunde nicht rein (isoliert) gezüchtet wurden. Es kam lediglich in bestimmten Regionen zu Veränderungen in der Felllänge und -farbe, bei den Ohrformen und im Knochenbau. Der Mensch überließ die Gestaltung einfach dem Zufall beziehungsweise den (noch nicht bekannten) Erbgesetzen und zog nur diejenigen Hunde auf, die seinen Vorstellungen und Bedürfnissen entsprachen – oder solche, die besondere Merkmale aufwiesen, wie Hängeohren.

Klimabedingte Unterschiede Neben diesem Auswahlverfahren hatte auch das Klima Einfluss auf die verschiedenen Schläge. Den Witterungsbedingungen entsprechend entstanden durch natürliche

Selektion in warmen Gegenden Hunde mit kurzem Fell, langen Beinen und großen Ohren. In kälteren Regionen waren es Hunde mit dichtem, langem Fell, bulliger Kopfform und kleineren Ohren. Durch den Tausch von Hunden unter benachbarten Menschenpopulationen und den Bedarf an verschiedenen Hundetypen für immer mehr Verwendungszwecke wurde die Vielfalt langsam größer.

Verhalten von **Wolf und Hund**

ERZIEHUNG Wegen seiner mangelnden Dressurfähigkeit lässt sich der Wolf kaum erziehen.

SCHEU Der Wolf flieht vor dem Menschen, beim Hund ist die Wildscheue weggezüchtet.

VERTEIDIGUNG Der Hund verteidigt sein Territorium und den Menschen – der Wolf flieht und verteidigt sich erst, wenn es um sein Leben geht.

Das Prinzip der Zucht

Innerhalb der Wolfspopulationen gibt es eine große innerartliche Variabilität. Das bedeutet, es gibt große Unterschiede bezüglich Größe, Behaarung, Fellfarbe und Fellzeichnungen. Diese Vielfalt machte sich der Mensch gezielt in der Zucht zunutze. Diese durch Mutation entstandenen »Andersartigen« bildeten den Grundstock verschiedenster Rassen, von denen heute ein Großteil in freier Wildbahn wegen ihrer auffallenden Farbe, ihres unzweckmäßigen Fells oder ihrer übermäßigen Größe oder Kleinheit nicht überleben könnte.

Die längste Zeit galt für die Kreuzungszucht einzig und allein der angestrebte Verwendungszweck als Qualitätsmaßstab. Leistung kam eindeutig vor Schönheit. Erst in den letzten Jahrhunderten ging der Mensch zur sogenannten Reinzucht über. Bei dieser dürfen nur Hunde der gleichen Rasse miteinander verpaart werden, und das Zuchtziel erschöpft sich sehr häufig in der optischen Erfüllung eines willkürlich vorgeschriebenen Standards. Das bringt leider mit sich, dass das Aussehen bei manchen Rassen höher bewertet wird als die Gesundheit oder das Wesen. Dabei ist gerade dieses so wichtig: In der »modernen« Mensch-Hund-Beziehung soll das Tier nicht selten soziale Funktionen übernehmen – und das nicht nur innerhalb der Familie. Als Blinden- oder Behindertenhund beispielsweise müssen Hunde immer öfter verantwortungsvolle Aufgaben erfüllen. Auch diese »Kompetenzen« zu verbessern sollte ein wichtiges Ziel der Zucht sein.

Die unterschiedlichen Rassen

Bis zum heutigen Tag sind von der FCI (Federation Cynologique Internationale) über 300 Hunderassen anerkannt. Zur besseren Übersicht wurden diese in zehn sogenannte FCI-Gruppen eingeteilt (→ rechte Seite). Die Rassenunterschiede beziehen sich jedoch nicht nur auf das Aussehen, sondern auch auf das rassespezifische Verhalten, wie zum Beispiel den Jagd- oder den Hütetrieb. Daher sollte, wer auf der Suche nach dem passenden Hund für sich oder seine Familie ist, sich unbedingt schon im Vorfeld über die Verhaltensbesonderheiten der infrage kommenden Rassen informieren (→ Seite 10).

Rat vom Fachmann Vertrauen Sie bei der Entscheidung auch auf das Urteil eines unabhängigen Hundefachmanns. Er kann Ihnen dabei helfen, Ihre individuellen Wünsche und Vorstellungen mit den Ansprüchen der einzelnen Rassen unter einen Hut zu bringen – und eventuelle Probleme bei der Haltung von vornherein zu umgehen. Denn Rassebeschreibungen sind nur für die grobe Vorauswahl gut. Negative Eigenschaften bleiben dort oft unerwähnt oder werden positiv umschrieben.

Ein Hund kann ein verantwortungsvoller Partner sein: Hier ersetzt er die Augen des blinden Herrn.

Auswahl bekannter **Rassen der FCI-Gruppen**

FCI-GRUPPE	RASSEN	EIGENSCHAFTEN
FCI-Gruppe 1 Schäferhunde, Hüte-hunde, Treibhunde:	Belgische Schäferhunde, Deutscher Schäferhund, Briard, Border Collie, Australian Shepherd, Bobtail, Rott-weiler, Bouvier, Kuvasz	vor allem die intelligenten, wachsamen Hütehunde fügen sich bei konsequenter Erziehung gut in die Familie ein; neigen teilweise zum Wildern
FCI-Gruppe 2 Pinscher, Schnauzer, Mollossoide, Schwei-zer Sennenhunde:	Pinscher, Schnauzer, Dobermann, Boxer, Dogge, Neufundländer, Bern-hardiner, Landseer, Leonberger	Pinscher, Schnauzer, Boxer sind gute Familienhunde. Dobermann und Molos-ser nur in erfahrene Hände; Großrassen weniger als Begleithunde geeignet
FCI-Gruppe 3 Terrier:	Airedale Terrier, Foxterrier, Parson Russel- und Jack Russel Terrier, Border Terrier, Yorkshire Terrier, Bullterrier	mutig, intelligent, sehr lebhaft, drauf-gängerisch und rauflustig, aber auch lern- und beschäftigungsfreudig; be-nötigen eine konsequente Erziehung
FCI-Gruppe 4 Dachshunde:	Kurz-, Rauhaar und langhaarige Dackel in den Größen Normal-, Zwerg- und Kaninchendackel	sehr selbstbewusst (→ Seite 10)
FCI-Gruppe 5 Spitze und Hunde vom Urtyp:	Wolfspitz, Spitz, Eurasier, Samo-jede Malamute, Husky, Akita Inu, Basenji, verschiedene Podencos	Wesen von Rasse zu Rasse sehr unter-schiedlich; Hunde vom Urtyp haben hohe Ansprüche und sind nur etwas für Kenner
FCI-Gruppe 6 Lauf-, Schweißhunde, verwandte Rassen:	Bluthund, Basset, Beagle, Gebirgs-schweißhund, Dachsbracke	hoher Arbeitsanspruch kann durch Hunde-sport o. Ä. kaum erfüllt werden: gehören nur in Jägerhand; keine Begleithunde
FCI-Gruppe 7 Vorstehhunde:	Deutsch Kurzhaar, -Drahthaar, Weimaraner, Pointer, Irish Red Setter, Gordon Setter, Magyar Vizsla	Für diese Rassen gilt dasselbe wie bei FCI-Gruppe 6
FCI-Gruppe 8 Apportierhunde, Stöber-hunde, Wasserhunde:	Alle Retriever und Spanielrassen, Kooikerhondje	Vor allem Retriever und Spaniel sind ideale Familienhunde (→ auch Seite 11)
FCI-Gruppe 9 Gesellschafts- und Begleithunde:	Pudel, Malteser, Havaneser, Pekinese, Chihuahua, Kromfohr-länder, Mops, Papilon	starke soziale Intelligenz; Gefahr des Ver-menschlichens; sollten eine Begleithunde-erziehung nachweisen können
FCI-Gruppe 10 Windhunde:	Afghane, Saluki, Azawakh, Sloughi, Barsoi, Irish Wolfshound, Whippet	geheimnisvoll, sensibel, anschmiegsam; starker Hetztrieb; was Freilauf erschwert

Vital und sportlich

Airedale Terrier

Temperamentvoll bis ins hohe Alter. Wachsam mit guten Schutz-hundeigenschaften. Ordnet sich auch in eine Familie mit Kindern gut ein. Will überall dabei sein und braucht Aufgaben, die er mit viel Intelligenz zu lösen versucht. Bei gewaltloser Erziehung und Ausbildung ist er ein freudiger Partner im Hundesport. Ein Hund für agile, sportliche Menschen. Er muss allerdings regelmäßig zur Fellpflege getrimmt werden, was Zeit in Anspruch nimmt und die Haltungskosten vermehrt.

Arbeitswütig und bewegungsfreudig

Australian Shepherd

Temperamentvoll und beschäftigungsfreudig, wie er ist, braucht dieser Hütehund viele Aufgaben und reichlich Bewegung. Bei ausreichender sportlicher Betätigung ist er jedoch durchaus ein unterordnungsbereiter Familienhund. Menschenfreundlich, ge-duldig und friedlich mit anderen Tieren, passt er sich seinen Men-schen sehr gut an. Er lernt leicht und gerne, neigt nicht zum Wildern (was ausgiebige Spaziergänge erleichtert) und ist aufgrund seines angeborenen Schutztriebs ein guter Wächter.

Selbstständig und aufgeweckt

Dackel

Es gibt ihn als Kurzhaar, Rauhaar, Langhaar und jeweils in drei Größen: Normalschlag, Zwerg- und Kaninchendackel. Er ist aufge-weckt und sehr selbstständig, was oft als Sturheit missverstanden wird. Er ist wachsam und setzt, wenn es sein muss, auch seine Zähne ein. Mit dem Deutschen Schäferhund kämpft er seit jeher um den Titel »Beliebtester Hund«. Muss ab frühester Jugend kon-sequent, aber liebevoll erzogen werden. Inkonsequente Anfänger erzieht er sich selbst.

Hund für Anfänger   Hund für Fortgeschrittene   ! leicht erziehbar   !! konsequente Erziehung nötig

Intelligent und anpassungsfähig

Kleinpudel

Der Gesellschaftshund gehört zu den ältesten Haushunderassen: Bereits im Barock und Rokoko war er der liebste Begleiter edler Damen. Etwa um 1950 wurde er erneut zum »Modehund« und löste den Foxterrier in der Beliebtheit ab. Er ist intelligent, fröhlich, anschmiegsam, anpassungsfähig und mit Konsequenz leicht erziehbar. Für vernünftige Kinder und Anfänger gut geeignet. Wird er jedoch vermenschlicht und verzogen, kann er auch hysterisch und dickköpfig sein.

Ausgeglichen und lernfreudig

Labrador Retriever

Ein nervenstarker Hund mit ausgeglichenem Wesen. Er ist anhänglich, geduldig, spielfreudig mit Kindern und sehr verschmust. Zurzeit ist er der vielseitigste Begleithund – er gilt gleichsam als guter Jagdhund wie als hervorragender Rettungs- und Blindenführhund. Trotz seiner guten Eigenschaften braucht er eine konsequente Erziehung. Auch seine Verfressenheit muss unter Kontrolle gebracht werden, da er sonst unbeweglich und langweilig wird. Ein problemloser Begleiter in der Öffentlichkeit.

Freundlich und verspielt

Mops

Wahrscheinlich aus China stammend, ist er ab dem 17. Jahrhundert in Europa nachweisbar. Seither hopst er lustig schnaufend und schnarchend durch unsere Wohnungen. Er kann ruhig und gleich darauf sehr wild und temperamentvoll sein. Intelligent, freundlich und verspielt, lässt er sich leicht erziehen. Galt lange Zeit als faul, fett und dumm, weil er meist verhätschelt wurde. Wird er jedoch vernünftig gehalten, ist er ein Schatz. Seine Fan-Gemeinde wächst deshalb stetig an.

Ein Hund soll es sein

Bevor Sie sich einen Hund anschaffen, sollten Sie im Kreise der Familie einige wichtige Punkte klären. Schließlich heißt es, die Erwartungen jedes einzelnen Familienmitglieds und die Bedürfnisse des Hundes unter einen Hut zu bringen. Nur so können Sie eine Rasse finden, die perfekt zu Ihnen passt. Der Rat eines rasseerfahrenen Hundeausbilders kann dabei sehr hilfreich sein. Viele Probleme mit Hunden sind nämlich darin begründet, dass das angeborene (angezüchtete) Verhalten und die damit verbundenen Ansprüche des Hundes nicht zu den Vorstellungen des jeweiligen Besitzers passen. Ein älterer, nicht mehr besonders sportlicher Mensch etwa wird mit einem hyperaktiven Border Collie wenig glücklich werden. Er kann den Beschäftigungsdrang dieses Hundes einfach nicht erfüllen.

Ein komfortabler Schlafplatz wird von jedem Hund im Nu erobert. Für Welpen ist so ein Korb jedoch eher ungeeignet, da sie ihn schnell zernagen.

Was braucht Ihr neuer Freund?

Die Grundbedürfnisse eines Hundes gelten für alle Rassen: Die Tiere brauchen eine artgerechte Ernährung, saubere Unterbringung und gute Pflege. Je nach Rasse müssen sie – ihrer Fähigkeit angepasst – sinnvoll beschäftigt werden. Dabei sollte nicht nur ihre körperliche Fitness, sondern auch ihre Intelligenz gefordert und gefördert werden.

Gesellschaft Zur vernünftigen Beschäftigung des Hundes gehört auch ausreichende Bewegung und ein regelmäßiger Kontakt mit anderen Hunden, um ihr Sozialverhalten zu trainieren. Hunde sind nicht nur sensible, sondern auch äußerst intelligente Lebewesen, die nur in sozialen Gemeinschaften (also in einer Menschenfamilie beziehungsweise im Hunderudel) existieren können. Allerdings ordnen sie sich nur bei artgerechter Erziehung problemlos ein. Und dazu brauchen sie ihre Menschen, die die Grundregeln der gegenseitigen Verständigung beherrschen und zu denen sie absolutes Vertrauen und eine enge Bindung aufbauen können.

Beschäftigung Unsere Hunde sind längst keine Wölfe mehr. Aber sie sind immer noch sozial lebende Beutegreifer und Laufraubtiere. All ihre Sinne sind auf erfolgreiches Jagen ausgerichtet. Das wird bereits beim Welpenspiel geübt. Gleichzeitig wird bei diesen »Jagdspielen« die Grundlage für das künftige Sozialverhalten gelegt.

Die Aktivitäten eines Hundes richten sich nach den Angeboten seiner Umwelt. Alles, was sich bewegt, ist für ihn als Bewegungsseher interessant. Er selbst dagegen bewegt sich nie ohne Grund, sondern nur zielgerichtet. Es liegt an Ihnen, diese »Eigenart« als Motivationshilfe bei der Erziehung einzusetzen.

Das sollten Sie vorab klären

Wenn Sie und Ihre Familie sicher sind, das passende Rudel für einen Hund zu sein, sind im Vorfeld noch einige Dinge zu klären:

Rüde oder Hündin Obwohl das Geschlecht bei konsequenter und liebevoller Erziehung keine große Rolle spielt, steht diese Frage bei potenziellen Hundehaltern ganz oben. Es stimmt nicht, dass Hündinnen immer leichter erziehbar, verschmuster, anpassungsfähiger, aber auch zickiger und sensibler sind, während Rüden dominanter, härter, aggressiver und weniger liebesbedürftig wären. Jeder Hund ist das Produkt seiner Umwelt und zeigt sich so, wie er von seinem Halter erzogen wurde.

Größe Die Statur eines Hundes sollte zu Ihren Wohnverhältnissen und den eigenen körperlichen Fähigkeiten passen. Sie müssen das Tier ja an der Leine beherrschen.

Alter des Hundes Ein Welpe muss erst »geformt« werden. Das verlangt viel Wissen, Zeit und Geduld. Bei einem erwachsenen Hund aus zweiter Hand oder aus dem Tierheim lässt sich der Charakter eher einschätzen. Eventuell vorhandene Unarten können Sie auch solchen Tieren mit Konsequenz, Geduld und Einfühlungsvermögen abgewöhnen.

Wer erzieht den Hund Auch bei Familienhunden ist es wichtig, dass es eine Bezugsperson gibt, die das Gros der Erziehung und Ausbildung übernimmt.

Andere Tiere Die einfache Gewöhnung an bereits vorhandene Heimtiere (und deren Tolerierung) gelingt am besten, wenn der Hund als Welpe in die Tiergemeinschaft kommt. Hier kommt es dann im Rahmen der Sozialisierung zum sogenannten »Burgfrieden«, der aber außerhalb des Hauses auch ohne Weiteres mal gebrochen werden kann: Auch die familieneigene Katze kann auf der Wiese vor dem Haus vom Hund gejagt werden.

Passt ein Hund zu Ihnen?

TIPPS VOM
HUNDE-EXPERTEN
Horst Hegewald-Kawich

Wenn Sie alle Fragen mit »Ja« beantworten können, ist ein Hund das richtige Tier für Sie.

FAMILIE Sind alle Familienmitglieder mit der Anschaffung eines Hundes einverstanden, und hat niemand eine Hundeallergie?

WOHNUNG Erlaubt der Vermieter die Haltung, und haben Sie genügend Platz?

GASSI GEHEN Werden Sie gerne täglich 2–3 längere Spaziergänge mit dem Hund machen?

ERZIEHUNG Haben Sie genügend Wissen und Zeit für seine Erziehung und Beschäftigung?

GUT VERSORGT Haben Sie jemanden, der sich im Urlaub oder bei Krankheit zuverlässig um den Hund kümmern kann?

KOSTEN Sind Sie in der Lage, auf Dauer die Unterhaltskosten des Hundes zu tragen?

UNTERBRINGUNG Muss der erwachsene Hund täglich nicht länger als 2–3 Stunden allein sein?

ZUKUNFT Ermöglichen Ihre Lebensumstände die Hundehaltung für die nächsten 10–15 Jahre?

Den richtigen Hund finden

Sobald sich die Familie einig ist und wenn die Voraussetzungen für eine artgerechte Hundehaltung gegeben sind, geht es um die Entscheidung, was für ein Hund es nun sein soll. Soll ein erwachsener Hund ins Haus, ist bei der Auswahl meist die vielbeschworene Liebe auf den ersten Blick ausschlaggebend. Wollen Sie jedoch einen Welpen haben – was sicher auf den Großteil der potenziellen Hundehalter zutrifft –, sollten Sie nicht aus dem Bauch heraus handeln, sondern sich gewissenhaft nach einem gesunden Tier umsehen.

Aus guten Händen

Suchen Sie sich einen Züchter, der in einem guten Zuchtverein organisiert ist. Der VDH (Verband für das Deutsche Hundewesen) ist in Deutschland der Verband, der die strengsten Anforderungen an seine Züchter stellt. Er gibt kostenlos Auskunft über seine Züchter aller anerkannten Rassen. Die Abstammungspapiere (Stammbaum) dieses Verbandes sind eine Garantie dafür, dass bei der Zucht Ihres Welpen versucht wurde, mit Sorgfalt und Fachwissen ein körperlich und seelisch gesundes Tier zu erzeugen.

Hier fällt die Entscheidung bei der Hundeauswahl sichtlich schwer: Psychisch und körperlich gesunde Welpen zeigen sich auch Fremden gegenüber aufgeschlossen.

Besuch beim Züchter Machen Sie sich aber auch selbst einen Eindruck: Ist die Zuchtanlage gepflegt? Sind die Welpen gesund (Krankheitsanzeichen → Seite 26/27), munter und lebhaft? Sind die Hunde einschließlich der Mutterhündin auf Menschen geprägt? Nehmen sie unbefangen mit Ihnen Kontakt auf? Ist der Welpe bei der Abgabe nicht unter acht Wochen alt, laut Impfpass geimpft, entwurmt und durch Mikrochip oder Tätowierung gekennzeichnet? Lassen Sie sich außerdem die Wurfabnahmeprotokolle des Zuchtwartes zeigen. Besuchen Sie den Züchter mehrmals, und achten Sie darauf, ob und wie er sie fachlich berät. Ein guter Züchter will dabei übrigens auch alles über Sie wissen. Er sucht schließlich für seine Welpen den besten Platz.

Welpenwahl Auch bei der Auswahl Ihres Welpens wird der Züchter Ihnen beratend zur Seite stehen. Er kennt den Charakter seiner Welpen sehr gut und weiß aufgrund ausführlicher Gespräche mit Ihnen am besten, welcher Welpe zu ihnen passt. So wäre ein schüchternes Kerlchen in einer Familie mit sehr aktiven Kindern wenig glücklich. Ein zur Dominanz neigender »Kampfzwerg« dagegen kann sich bei inkonsequenten Menschen schnell zum Problemhund entwickeln. Haben Sie die freie Wahl, dann nehmen Sie nicht den Größten und nicht den Kleinsten, nicht den Frechsten und nicht den Ruhigsten. Und auf keinen Fall den, der sich vor Ihnen versteckt.

Hände weg Kaufen Sie nie einen Welpen über die Zeitung oder übers Internet, wenn dort verschiedene (Mode-)Hunde angeboten werden. Kaufen Sie auch keine Welpen auf Wochenmärkten oder aus Massenzucht. Diese unterliegen selten Kontrollen, und die Tiere müssen oft lange Transporte durch ganz Europa ertragen – unter katastrophalen Bedingungen. Lassen Sie außerdem die Finger von Welpen, die Ihnen übergeben werden sollen, ohne dass Sie die Mutter sehen.

Tierheim Wenn Sie einen Hund aus dem Tierheim aufnehmen wollen, können Sie ebenfalls auf eine fachliche Beratung zählen: Auch dort werden die zuständigen Betreuer versuchen, den passenden Vierbeiner für Sie zu finden.

So ein Powerpaket braucht einen aktiven, sportlichen Menschen, der ihm ausreichend Beschäftigung bietet.

Die Grundausstattung

Ich habe schon Erstlingshundehalter erlebt, die in Erwartung Ihres neuen Familienmitglieds in einen regelrechten Kaufrausch verfallen sind, als es um die Erstausstattung des Tieres ging. Dabei braucht der Neuankömmling zunächst recht wenig – abgesehen von Liebe, Geduld und Konsequenz, die ja zur »Grundausstattung« jedes Hundebesitzers gehören sollten. Auch eine ausreichende Haftpflichtversicherung gehört zur Erstausstattung. Lassen Sie sich zudem von Ihrem Tierarzt über die Zweckmäßigkeit einer Krankenversicherung beraten.

1 Futter- und Wassernapf

Ich selbst bevorzuge für meine Hunde Futterschüsseln aus emailliertem Stahl, die eher flach als tief sind. Für gierige Schlinger und große Hunde haben sich erhöhte Näpfe in verstellbaren Ständern bewährt, weil die Hunde nicht so viel Luft mitschlucken. Eine Trinkschüssel aus Steingut hält das Wasser lang kühl und ist standfest. Sie muss stets gefüllt sein.

2 Schlafplatz

Ihr Hund braucht einen Platz, an den er sich zurückziehen kann und den ihm keiner streitig macht. Es muss nicht gleich ein Luxushundebett sein; zum Zernagen tut es im ersten Jahr auch etwas Günstiges. Bis der Hund erwachsen ist, ergeben sich ohnehin bestimmte Schlafvorlieben: Der eine mag es im weichen Korb mit Rückenstütze, der andere (meist kleine Hunde) liebt kuschelige Schlafhöhlen, große langhaarige Rassen liegen gerne einfach lang ausgestreckt auf dem Teppich. Wichtig: Die Liegefläche sollte auf jeden Fall waschbar sein. Und für hautempfindliche Hunde empfehlen sich Naturfasern.

3 + 4 Leine und Halsband

Bei einem guten Züchter ist der Welpe zum Zeitpunkt der Übernahme sein passendes Halsband sowie die zweckmäßige Welpenleine gewöhnt – und beides wird mitgegeben. Wenn nicht, können Sie jedes mehrfach verstellbare, weiche Halsband verwenden. Die Welpenleine muss der Größe der Rasse angemessen stark und gut drei Meter lang sein. Ratsam ist, dass Ihr Hund vom ersten Tag an eine Plakette mit Ihrer Telefonnummer am Halsband trägt. Passendes Zubehör: Mit einer Zweiton-Hundepfeife können Sie Ihrem Hund auch auf größere Entfernungen Hörzeichen geben. Allerdings muss das Tier zunächst auf die Töne konditioniert werden.

5 Hundespielzeug

Das Spielzeug für Ihren Liebling sollte zweckmäßig und robust sein, denn es wird stark beansprucht: im Spiel mit dem Menschen, für die Beschäftigung, bei der Erziehung und in der Ausbildung.

6 Kamm, Bürste und Co.

Da der Anspruch an die Fellpflege je nach Rasse sehr unterschiedlich ist, sollten Sie sich beim Züchter informieren, welche Pflegeutensilien notwendig sind. Langhaarige Hunde brauchen spezielle Bürsten und Kämme, während kurzhaarige mit einer harten Bürste oder einem Gummistriegel auskommen. Ein Flohkamm ist für alle Rassen zweckmäßig. Zum Abtrocknen und Durchrubbeln eignen sich alte Frotteehandtücher. Zum Krallenkürzen benötigen Sie zudem eine Nagelzange, die von guter Qualität sein sollte, weil es sonst zu Verletzungen kommen kann. Auch eine Zeckenzange sollten immer griffbereit sein.

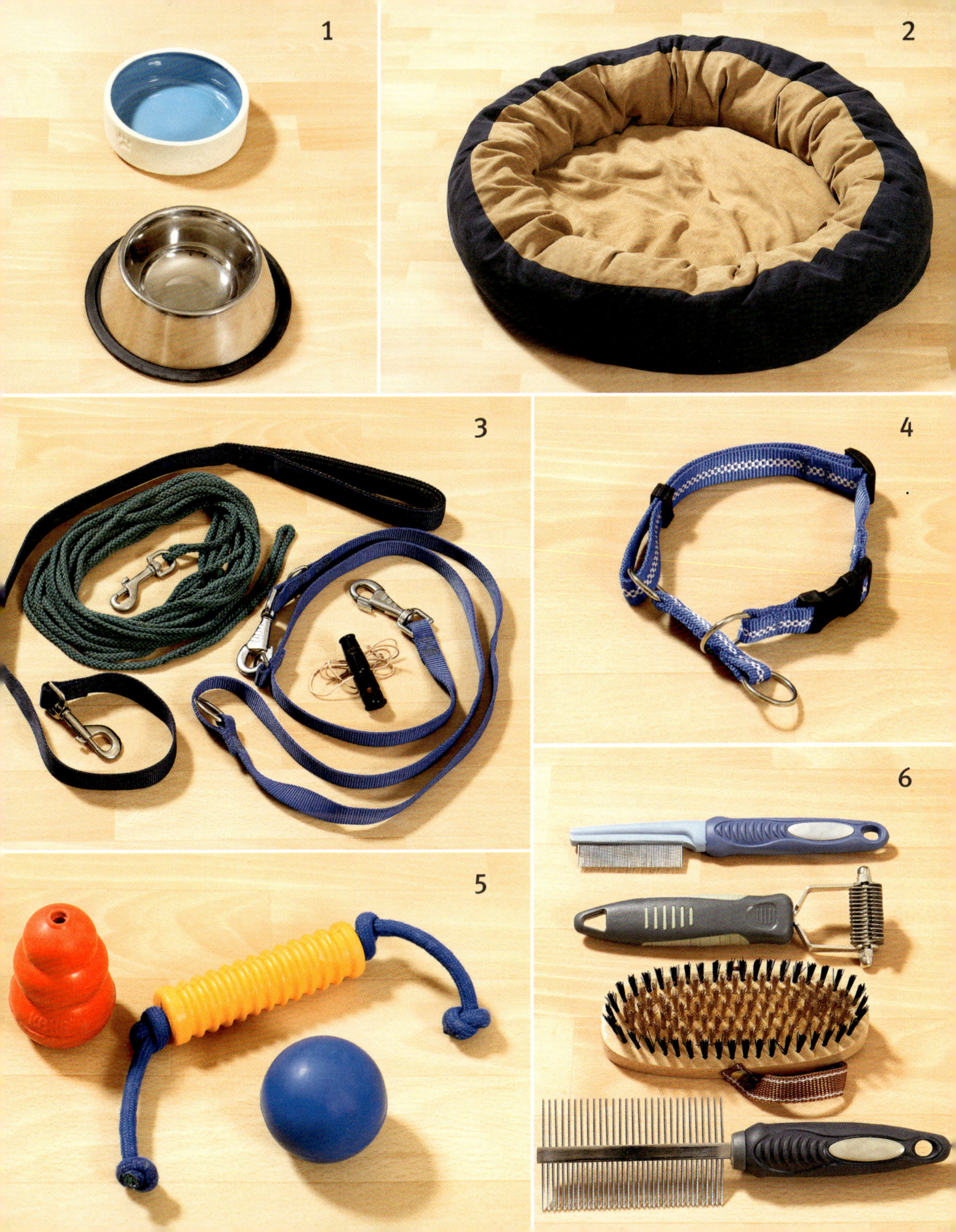

1

2

3

4

5

6

Ein vitales Hundeleben

Es ist gar nicht so viel nötig, damit sich Ihr Hund rundum wohlfühlt: ausgewogene Ernährung, regelmäßige Körperpflege und hin und wieder ein Besuch beim Tierarzt – und natürlich jede Menge Streicheleinheiten.

Hoppla, hier komme ich

Bevor ein Hund ins Haus einzieht, sollten Sie sich darüber klar werden, dass sich mit der Ankunft des neuen Familienmitglieds einige Dinge im bisherigen Tagesablauf verändern werden. Schließlich gilt es, einen befriedigenden Tagesablauf für ein Lebewesen zu organisieren, das alles will, außer für längere Zeit allein zu bleiben. Es beginnt bereits damit, dass Sie morgens früher aufstehen müssen, um Gassi zu gehen – auch bei ungemütlichem Wetter. Abends ist es nicht viel anders: Wenn andere längst entspannt vor dem Fernseher sitzen, ziehen Sie bei Dunkelheit noch mit Ihrem Hund um die Häuser. Darüber hinaus müssen Sie Ihren Haushalt derart umgestalten, als hätten Sie ein Kind im Krabbelalter. Alles, was für den jungen Hund erreichbar ist und seine Gesundheit gefährden könnte, wie zum Beispiel Medikamente oder giftige Reinigungsmittel, muss sicher verstaut werden. Denn Hunde nehmen wie kleine Kinder erst einmal alles in den Mund. Entsprechend nagen sie auch an Möbeln und Teppichen. Damit Sie nicht Ihre gesamte Wohnung leer räumen müssen, sollten Sie Ihren Hund in den ersten Wochen und Monaten stets im Auge behalten.

Erfahrung macht schlau

Verbringen Sie so viel Zeit wie möglich mit dem neuen Hund, und beschäftigen Sie sich mit ihm, wenn er sich in den Wohnräumen aufhält. Er lernt dann ziemlich schnell an Ihren Reaktionen, was er tun darf und was nicht. Und das Lernen durch gute oder schlechte Erfahrungen ist besonders einprägsam. Je mehr Aufmerksamkeit Sie also aufbringen, umso schneller erziehen Sie ihn zu einem wohnungsverträglichen Hund. Vergessen Sie aber nicht, dass er neben Verboten auch genügend Möglichkeiten haben muss, sich artgerecht zu beschäftigen.

Willkommen zu Hause

Ehe Sie Ihren Hund endlich in seinem neuen Heim begrüßen können, müssen Sie ihn wohlbehütet nach Hause transportieren. Planen Sie die Fahrt so, dass Sie noch bei Tageslicht zu Hause ankommen. Wenn Sie das Tier mit dem Auto abholen, lassen Sie sich fahren, damit Sie sich voll und ganz um Ihren Hund kümmern können. Halten Sie ihn dennoch die ganze Fahrt über an der Leine, um zu verhindern, dass er auskommt und den Fahrer stört. Machen Sie bei längeren Strecken jede Stunde eine Pause, damit das Tier frische Luft schnappen und sein Geschäft verrichten kann. Ebenso ratsam: Sprechen Sie mit dem Verkäufer ab, dass er den Hund zirka fünf Stunden vor Antritt der Fahrt nicht mehr füttert. So verhindern Sie, dass sich das Tier im Auto erbricht.

Das neue Umfeld Zu Hause angekommen, führen Sie Ihren Hund als Erstes in den Garten oder an einen Platz in der Nähe Ihrer Wohnung, wo er sich lösen kann. Anschließend darf er sich in Ruhe inner-halb der neuen vier Wände umschauen und in aller Ruhe sein neues Rudel kennenlernen. Erst wenn er sich zu Hause auskennt, kann er sich unbefangen und seelisch stabil Gästen und Besuchern vorstellen. Doch bis es so weit ist, braucht Ihr Schützling einfach ein paar Tage Zeit.

Erste Bedürfnisse Bieten Sie Ihrem Hund gleich nach seiner Ankunft an seinem Futterplatz eine kleine Mahlzeit und etwas zu trinken an; anschließend führen Sie ihn gleich wieder zu seinem Löseplatz. Hat er sein Geschäft erfolgreich verrichtet, zeigen Sie ihm seinen Schlafplatz und bieten ihm einen tennisballgroßen Hartgummiball als Spielzeug an. Zwingen Sie ihm aber kein Spiel auf.

Name Rufen Sie ihn ab dem ersten Moment regelmäßig bei seinem Namen, und bestätigen Sie seine Aufmerksamkeit durch Lob. Wenn er gar zu Ihnen kommt, belohnen Sie ihn immer mit einem Leckerli. So gewöhnt er sich rasch daran.

Schnell stubenrein

Bringen Sie einen Welpen immer sofort zu seinem Löseplatz, wenn er aufwacht, getrunken oder gefressen hat. Das Gleiche gilt, wenn er schnüffelnd herumläuft, sich hinhockt, im Kreis dreht oder sich nachts im Körbchen neben Ihrem Bett bemerkbar macht. Passiert trotzdem etwas, müssen Sie noch konsequenter auf ihn achten; nachträgliches Strafen hilft überhaupt nichts. Loben Sie stattdessen ausgiebig, wenn sich Ihr Hund draußen löst.

Ein paar Tage braucht Ihr neuer Freund, um sich in aller Ruhe an die neue Umgebung zu gewöhnen.

Was das Hundeherz begehrt

Ein Hund erfordert Ihre volle Aufmerksamkeit. Wenn Sie sich jedoch von Anfang an an die nachfolgenden Ratschläge halten, erlangen Sie schnell die nötige Sicherheit im Umgang mit Ihrem neuen Vierbeiner.

Tut gut

+ Ihr Hund braucht in den ersten Tagen viel Ruhe und Sicherheit, um sich einzugewöhnen. Lassen Sie ihn alles selbst erkunden. Erzwingen Sie nichts.

+ Bindung und Vertrauen kann der Hund nur aufbauen, wenn Sie sich in den ersten Wochen intensiv mit ihm beschäftigen. Zwei bis drei Wochen Urlaub sind dafür ideal.

+ Zur Beschäftigung gehören anfangs beutebetonte Spiele bis hin zu spielerischen Körperkontakten. Setzen Sie dem Hund dabei rechtzeitig Grenzen.

+ Erlauben Sie Ihrem Hund nur Dinge, die Sie ihm auch in Zukunft erlauben werden. Sie verunsichern ihn, wenn Sie ihm das Gleiche plötzlich verbieten.

Besser nicht

− Überlassen Sie in der Eingewöhnungsphase Ihren Hund selbst für kurze Zeit keiner familienfremden Person zum Spazierengehen oder gar zum Üben.

− Trösten oder bemitleiden Sie Ihren Hund nicht, wenn er Angst zeigt. Ignorieren Sie den Auslöser, und gehen Sie weiter, als wäre nichts geschehen. Trost oder Zwang würde die Angst noch verstärken.

− Brechen Sie beim körperbetonten Spiel sofort ab, und rufen Sie laut »Aua«, wenn der Hund zu grob zubeißt. Er steigert sich sonst immer mehr.

− Erziehen Sie Ihren Hund nicht zum sinnlosen Beller, indem Sie ihn ohne Beschäftigung stundenlang ohne Aufsicht im Garten sich selbst überlassen.

Ausgewogene Ernährung

Der Haushund gehört wie alle Hundeartigen zur Ordnung der Karnivoren, also zu den Fleischfressern. Er frisst jedoch wie seine wölfischen Vorfahren auch Aas, Abfälle und Gras – und verschmäht vor allem Leckerbissen auf unbeaufsichtigten Tischen nicht. Das Gebiss des Hundes ist das eines Beutejägers und Fleischfressers: Mit den Fang- oder Reißzähnen, die wie kräftige Dolche ausgebildet sind, greift er die Beute, hält sie fest und reißt große Fleischstücke davon ab. Mit den Backenzähnen, die wie eine Schere wirken, zerschneidet er zu große Brocken, die er dann, ohne zu kauen, hastig hinunterschlingt.

Auch der Verdauungsapparat des Hundes ist auf die Hauptnahrung Fleisch eingestellt. Es intensiviert die Produktion seiner Magensäure, die einerseits das im Fleisch enthaltene Eiweiß aufschlüsselt und so verwertbar macht, andererseits auch Bakterien abtötet. Einen zu hohen Anteil pflanzlicher Kost dagegen kann der Hund nicht schnell genug verdauen. Reste dieser Nahrung lassen sich noch nach vier bis sieben Tagen im Kot feststellen. Bei Rohfleisch ist der Darm dagegen nach 24 Stunden wieder leer.

Vom richtigen Füttern …

Da der Hund von uns abhängig ist und wir auch die Art seiner Nahrung bestimmen, erhebt sich die Frage, wie natürlich die Hundenahrung sein soll beziehungsweise wie natürlich sie heute noch sein kann. Das meiste von der Industrie angebotene Fertigfutter hat nur noch wenig Ähnlichkeit mit der natürlichen Nahrung des Wolfes. Die sogenannte Komplettnahrung besteht zum Großteil aus Getreide, der Rest sind unter anderem tierische und pflanzliche Nebenprodukte, angereichert mit künstlichen Vitaminen und Mineralstoffen. Diese konservierte Fertignahrung versorgt den Hund durchaus mit allen wichtigen Nährstoffen. Ich persönlich füttere meine Hunde jedoch seit über 30 Jahren mit naturbelassener Nahrung. Heute nennt man das »BARF«en, was so viel bedeutet wie »Biologisch artgerechtes rohes Futter«. Diese Nahrung besteht

Das Zerkleinern von Knochen pflegt die Zähne. »Echte«, rohe versorgen den Hund dabei gleich noch mit einer gesunden Portion Kalzium.

Große Hunde brauchen höhenverstellbare Futter-ständer. Damit ängstliche Tiere nicht erschrecken, muss er absolut stabil stehen.

Eine sich nach oben verjüngende Futterschüssel ist ideal für alle Hunderassen mit langen Hängeohren, weil diese so nicht ins Futter eintauchen.

aus rohem Fleisch (nie Schwein), Knochen, Gemüse und Beifutter. So erhält der Hund alles, was er braucht, um gesund und leistungsfähig zu bleiben.

Futterrhythmus Wie oft Sie Ihren Hund füttern, ist abhängig von seinem Alter:

› Welpen (bis etwa 16 Wochen): Teilen Sie den Tagesbedarf auf drei bis fünf Mahlzeiten auf.

› Bis zum siebten Monat: zwei bis drei Mahlzeiten

› Bis etwa ein Jahr: zwei Mahlzeiten

› Ab etwa einem Jahr: eine Mahlzeit

› Ab etwa acht Jahren: wieder zwei bis drei Mahl-zeiten; das Gleiche gilt, wenn Ihr Hund krank ist.

Hinweis Wenn Hunde Gras fressen, wird es Regen geben – so glaubte man früher. Heute gibt es ver-schiedene Erklärungen dafür. Eine lautet, dass das Gras einen Brechreiz verursacht und der Hund auf diese Weise Fremdkörper, wie Knochensplitter, oder überschüssige Magensäure, aus seinem Magen entfernt. Vielleicht versuchen die Tiere auf diese Weise aber auch einfach nur, einen Mangel an gesunden Ballaststoffen auszugleichen.

... und trinken

Hunde schwitzen nicht, sondern gleichen ihre Kör-pertemperatur durch Hecheln aus. Einen Teil der ausgeschiedenen Flüssigkeit nehmen sie über die Nahrung wieder auf, den anderen mit Wasser. Vor allem wenn Sie Trockenfutter geben, braucht Ihr Hund immer reichlich Wasser. Trinkt Ihr Freund mehr als 48 Stunden nicht, trocknet sein Körper aus.

Regeln beim Füttern

WASSER Muss immer frisch verfügbar sein.

FUTTER Füttern Sie stets zu den gleichen Zeiten. Entfernen Sie den Napf nach 15 Minuten wieder.

RANGORDNUNG Vor jeder Mahlzeit muss der Hund sich hinsetzen. Er darf erst dann fressen, wenn Sie es ihm erlauben.

MOTIVATION Leckerli gibt es nur als Belohnung.

Körperpflege gehört dazu

Hunde sind stets daran interessiert, es möglichst angenehm zu haben, und wehren sich mit Pfoten, Zunge und Zähnen gegen körperliche Unannehmlichkeiten. Auch kräftiges Schütteln und Wälzen verhelfen ihnen zu mehr Wohlbefinden. Leider machen viele dabei nicht einmal halt vor Aas, Kot und anderen für uns Menschen unappetitlichen Dingen. Warum sie das tun, darüber gehen die Meinungen der Fachleute noch auseinander. Am wahrscheinlichsten ist es, dass Wölfe ihren strengen Raubtiergeruch überdecken wollen, um unerkannt jagen zu können. Unseren Hunden macht es aber manchmal einfach Spaß, sich im frischen Gras zu wälzen. Wie Hunde allgemein mit Schmutz umgehen, ist von Tier zu Tier unterschiedlich. Manche umgehen penibel jede Pfütze, andere platschen unbefangen mitten hindurch. Ihr schmutziges Fell versuchen sie später durch Belecken wieder zu reinigen.

Das Basisprogramm

Um rundum gesund zu bleiben, sind unsere Hunde bei der Körperpflege jedoch auch auf die Hilfe des Menschen angewiesen. Schließlich dient die Körperpflege nicht nur der Sauberkeit des Hundes, sondern auch der Früherkennung von Erkrankungen. Da das Kämmen und Co. vom Hund zudem als eine Art der Zuwendung empfunden wird, stärkt es das Vertrauen und die Bindung. Gleichzeitig erlaubt es es dem Mensch, seine Position als ranghöherer Sozialpartner zu festigen.

Fell Eine gründliche Fellpflege mit Körperkontrolle ist je nach Fellart mindestens einmal wöchentlich fällig, bei langhaarigen Rassen geschieht sie am besten täglich. Zur Fellpflege sollte der Hund mit den Vorderbeinen etwas erhöht stehen, damit sich die Haut spannt. Mit einer harten Bürste wird der ganze Körper mit langen Bewegungen zuerst gegen den Strich und dann glatt gebürstet. Das regt die Talgdrüsen an, ihr wasserabweisendes Sekret zu

Die regelmäßige Fellpflege ist ein wesentlicher Bestandteil der Gesundheitsvorsorge.

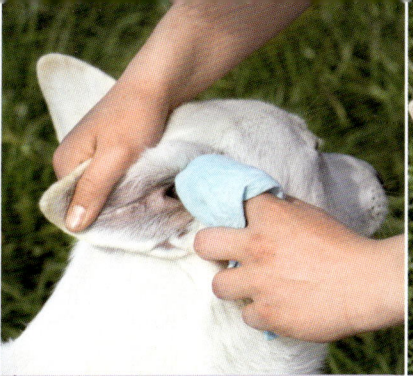

1 ZÄHNE Das Raubtiergebiss des Hundes sollte bis ins hohe Alter funktionstüchtig bleiben. Dafür ist regelmäßige Kontrolle und Pflege nötig.

2 OHREN Reinigen Sie immer nur vorsichtig das äußere Ohr. Damit sich das Ohrenschmalz löst, massieren Sie vorher warme Reinigungsflüssigkeit (vom Tierarzt empfohlen) ein.

3 AUGEN Zum Auswischen genügt ein mit Wasser angefeuchtetes Tuch. Bei Entzündungen sollten Sie sich stets an den Tierarzt wenden.

bilden. Mit einem der Haarlänge entsprechenden Kamm werden lose Haare ausgekämmt. Sich lösende Unterwolle wird mit einem Striegel entfernt. Eine Schaumwäsche (immer mit rückfettendem Hundeshampoo) braucht gesundes Fell nur, wenn sich der Hund in etwas Übelriechendem gewälzt hat.

Zahnstein Er lässt sich durch Zähneputzen sowie durch das Füttern roher Knochen oder Kauknochen (→ Abbildung Seite 22) vermeiden. Übermäßiger Zahnsteinbefall muss vom Tierarzt entfernt werden.

Augen Wischen Sie jeden Morgen die kleinen körnigen Ablagerungen von Staub und Sekret mit einem angefeuchteten Tuch aus den Augenwinkeln.

Ohren Sind die Ohren verschmutzt, träufeln Sie Reinigungsflüssigkeit hinein und kneten die Ohrmuschel anschließend von außen durch. Nachdem der Hund kräftig den Kopf geschüttelt hat, können Sie den Belag mit einem weichen Reinigungstuch aus dem Ohrtrichter entfernen. Stochern Sie keinesfalls mit Wattestäbchen im Gehörgang herum.

Pfoten und Krallen Rissige oder trockene Pfotenballen sollten Sie mit Vaseline einfetten. Im Winter schützen Sie die Pfoten mit einem speziellen Fett vor Streusalz. Reiben Sie es vor jedem Spaziergang zwischen die Zehen und auf die Ballen. Nach jedem Auslauf sollten die Pfoten gereinigt und Schmutz, der sich zwischen den Zehen festgesetzt hat, entfernt werden. Zu lange Krallen müssen gekürzt werden: Lassen Sie sich vom Tierarzt zeigen, wie es geht, damit Sie nicht in den blutführenden Teil der Kralle hineinschneiden. Sehr scharfe Krallenspitzen von Welpen lassen sich mit der Nagelfeile abrunden.

Schnauze Hat der Hund eine schmutzige Nase, wischen Sie sie mit einem nassen Schwamm ab und fetten den Nasenspiegel mit Vaseline leicht ein.

Ellbogen Am Ellbogengelenk bilden sich mit fortschreitendem Alter, vorrangig bei großen und schweren Hunden, lederartige und oft rissige Liegestellen. Reiben Sie diese regelmäßig mit Vaseline oder Lebertranfett ein.

Vergessen Sie nie, dass der Pflegevorgang für den Hund ein Genuss und für den Halter eine Freude sein sollte. Dazu gehört auch ein abschließendes Leckerli. Ein so zur Duldsamkeit erzogener Hund wird auch beim Tierarzt keine Probleme machen, so dass ihm im Ernstfall schnell geholfen werden kann.

So bleibt Ihr Hund gesund

Sie können Ihren Hund heute gegen eine Reihe von Infektionskrankheiten schützen, die früher nicht selten zum Tod des Tieres führten. Im Impfpass, den Sie bei der Welpenübernahme vom Züchter erhalten, wird vermerkt, wann die nächste Impfung fällig ist. Ganz wichtig: Zum Zeitpunkt der Impfung muss der Hund wurmfrei und völlig gesund sein. Gegen Staupe, Stuttgarter Hundeseuche, Tollwut, Parvovirus-Infektionen oder ansteckende Leberentzündung werden die Welpen bereits in den ersten vier Monaten grundimmunisiert. Die Tollwutschutzimpfung (nicht vor der 12. bis 14. Woche) ist für Ihren Hund nicht nur eine Gesundheitsvorsorge, sondern auch die Voraussetzung für den Besuch öffentlicher Hundeveranstaltungen, wie Ausstellungen oder Prüfungen (selbst wenn Sie nur als Zuschauer mit Ihrem Hund dabei sein wollen). Über die Notwendigkeit einer Reihe weiterer Impfungen sollten Sie sich umfassend informieren.

Kontrolle ist besser

Auch bei bester Haltung und Ernährung handeln sich unsere Hunde mitunter Krankheiten und Verletzungen ein. Je früher Sie jedoch die jeweiligen Anzeichen dafür erkennen, desto schneller und effektiver kann dem Tier geholfen werden. Tägliche Körperkontakte beim Kuscheln und die regelmäßige Körperpflege sollten deshalb immer auch der Gesundheitskontrolle dienen: Einem guten Hundehalter darf kein noch so kleiner Winkel des Hundekörpers unbekannt sein, und er muss krankhafte Veränderungen gleich erkennen.

Alles im Lot Wenn alles normal ist, hat der Hund ein glänzendes Fell ohne schlechte Gerüche. Mund, Augen, Nase und Ohren sind sauber, ebenso After und Geschlechtsteile. Das Tier verfolgt aufmerksam, was um ihn herum passiert und nimmt die Aufforderung zu einem Spaziergang oder Spiel freudig an. Ihr vierbeiniger Freund frisst mit gutem Appetit, sein Kot ist fest, aber nicht hart. Der Urin tröpfelt nicht, sondern wird in einem durchgehenden Strahl in goldgelber Farbe abgegeben.

Hier ist Vorsicht geboten

Entsprechend können Sie krankhafte Veränderungen und Krankheitsanzeichen an folgenden Dingen erkennen: Ist das Fell stumpf, fällt es extrem aus, oder verfärbt es sich? Erkennen Sie Ausschlag oder Schwellungen an der Haut, Ausfluss oder Verklebungen aus Augen, Nase, After oder Geschlechts-

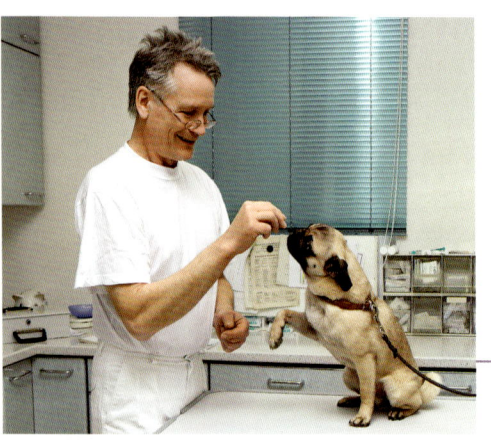

Wenn ein Tierarzt den Hund immer wieder mit Leckerlis belohnt, wird er schnell zum Freund.

teilen? Sehen Sie Beläge, riecht es übel aus den Ohren, oder sind die Schleimhäute am Fang verfärbt? Zeigt der Hund eine total veränderte Körperhaltung? Bewegt er sich viel langsamer und zeigt nur noch einen schleichenden, schleppenden Gang? Ist er teilnahmslos und lässt sich zu nichts motivieren? Das Gegenteil wäre ein extrem unruhiger Hund: Kaum liegt er, steht er schon wieder auf und sucht einen neuen Platz. Wenn Ihr Hund solche offensichtlichen Krankheitszeichen zeigt, sollten Sie ohne fremde Hilfe in der Lage sein, Temperatur, Puls und Atemfrequenz zu messen.

Körpertemperatur Sie sollte nicht über 38,5 °C und nicht unter 38 °C liegen (im After gemessen). Irrtümlicherweise glauben manche Hundehalter, dass ihr vierbeiniger Freund kein Fieber hat, wenn seine Nase kalt und nass ist. Das ist jedoch falsch. So wie ein gesunder Hund durchaus eine trockene Nase haben kann (wenn er zum Beispiel schläft), kann ein krankes, fiebriges Tier auch einmal eine kalte und nasse Nase haben.

Puls Die normale Pulsfrequenz (sie lässt sich sehr gut an der Innenseite des Oberschenkels fühlen) beträgt bei großen Hunden 60 bis 80 Schläge pro Minute, bei kleinen Hunderassen sind es mehr: 100 bis 120 Schläge.

Atem Die normale Atemfrequenz in Ruhestellung beträgt 12 bis 24 Züge pro Minute.

Schieben Sie im Zweifelsfall den Besuch beim Tierarzt nicht auf die lange Bank. Sie setzen sonst den Vorteil der Früherkennung aufs Spiel. Um zu verhindern, dass Ihr Hund Angst vor dem Tierarzt hat, sollten Sie die Praxis schon mindestens zweimal im gesunden Zustand besucht haben – ohne Behandlung. Ihr Hund erinnert sich dann im Ernstfall an die freundlichen Leute mit den Leckerlis und wird kaum Probleme machen.

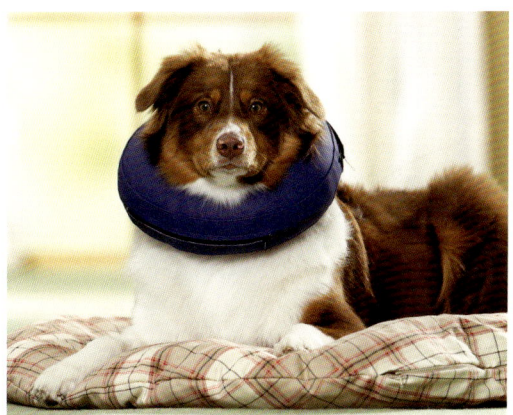

So ein aufblasbarer Halskragen hindert den Hund daran, an Verletzungen oder Verbänden zu lecken. Er stört ihn im Alltag jedoch kaum.

Das hilft bei **Durchfall**

BERUHIGEN Hat Ihr Hund Durchfall, sollte er mindestens 12 bis 24 Stunden nicht gefüttert werden. Nach 12 Stunden hat sich der Darm etwas beruhigt; zunächst können Sie gut gekochten weißen Reis anbieten. Später füttern Sie etwas ganz mageres rohes Rinderhack, körnigen Frischkäse oder mageren Joghurt.

WASSER Der Hund verliert durch den Durchfall viel Flüssigkeit. Beugen Sie einer Austrocknung vor, indem Sie reichlich frisches Wasser mit einer Prise Salz anbieten. Trinkt er nicht von selbst, spritzen Sie das Wasser mit einer Einwegspritze (ohne Kanüle) zwischen den Lefzen in den Fang. Bei länger andauerndem Durchfall (auch mit Blut oder Fieber) den Arzt aufsuchen.

Eingabe von Medikamenten

Muss Ihr Hund Medikamente einnehmen? In flüssiger Form schütten Sie ihm diese mit einem Löffel zwischen die Lefzen, größere Mengen spritzen Sie mittels einer Einwegspritze (ohne Kanüle) zwischen die Lefzen. Tabletten legen Sie dem Hund ganz weit in den Rachen und halten den Fang so lange zu, bis er geschluckt hat. Tun Sie sich damit schwer, können Sie die Tablette auch in einer kleinen Kugel aus Streichwurst verstecken. Oder Sie zerstoßen sie zu Pulver und mischen dieses mit der Wurst. Ihr Hund wird die Medizin dann problemlos schlucken.

Hautparasiten

Bei gewissenhafter Pflege erkennen Sie auch Hautparasiten frühzeitig und können so nachfolgenden Krankheiten vorbeugen. Verwenden Sie beim Bekämpfen die vom Tierarzt empfohlenen Präparate genau nach Anleitung.

Flöhe Einen Flohbefall erkennen Sie an kleinen, kaffeesatzartigen schwarzen Kügelchen im Fell des Hundes. Legen Sie diese auf ein nasses Papier: Färben sie sich rot (bluthaltig), handelt es sich um Flohkot. Wichtig zur effektiven Bekämpfung der Parasiten: Behandeln Sie nicht nur Ihren Hund, sondern desinfizieren Sie gleichzeitig die Flächen, auf denen er liegt (beispielsweise Decken, Polstermöbel, Kissen und Matratzen).

Läuse Im Fell des Hundes kleben leuchtend weiße Nissen (Eier). Wie beim Flohbefall ist es wichtig, auch die Schlafstätte des Hundes zu behandeln.

Zecken Die Parasiten können wie beim Mensch Borreliose oder Hirnhautentzündung verursachen. Entfernen Sie sie deshalb umgehend mit einer Zeckenzange, ohne den Kopf abzureißen oder den Körper zu quetschen. Suchen Sie bei auseiterndem Zeckenbiss den Tierarzt auf.

Demodex-Räudemilben Sie treten meist bei sehr jungen oder alten, geschwächten Hunden auf und geben sich durch Pusteln auf der Haut zu erkennen, die aber selten Juckreiz verursachen.

Würmer

Innenparasiten, wie Spulwürmer, Bandwürmer, Peitschenwürmer und Hakenwürmer, sind im Kot des Hundes nachzuweisen (mögliche Symptome für einen Wurmbefall sehen Sie in der Tabelle rechts). Da die Würmer auch auf den Menschen übergehen können, ist eine regelmäßige Wurmkur unbedingt zu empfehlen. Um dem Hund grundlose Entwurmungen zu ersparen, lassen Sie zweimal jährlich, bei Verdacht auch öfter, vom Tierarzt Kotproben untersuchen. Das ist vor allem dann wichtig, wenn Kinder im Haushalt leben, da diese nicht immer die nötigen Hygienevorschriften einhalten.

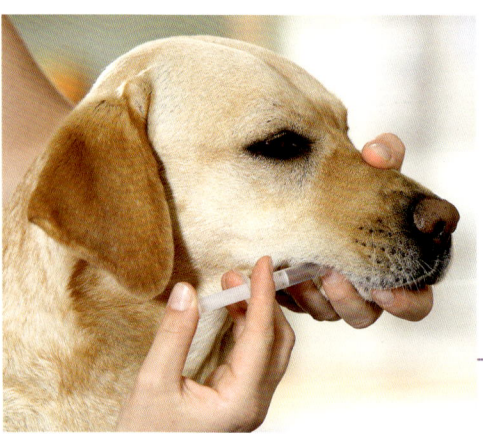

Damit die flüssige Medizin nicht aus den Lefzen rinnt, wird der Kopf noch etwas weiter angehoben.

Die häufigsten Erkrankungen

ANZEICHEN	HINZUKOMMENDE SYMPTOME	EVENTUELLE ERKRANKUNGEN
Frisst nicht	Durchfall, Erbrechen, Fieber, Apathie, Durst	Virusinfektion, Gebärmutterentzündung, Fremdkörper im Darm
Trinkt nicht	starkes Speicheln, Husten, Würgen, grundloses Schlucken	Fremdkörper im Schlund, Schlundlähmung
Trinkt viel	Erbrechen, Untertemperatur, taumeln, Apathie	Nierenschaden (mit Urämie), Diabetes, Gebärmuttervereiterung
Erbrechen	blutiger Schleim, Fieber, kein Kotabsatz, verspannter Bauch	Gastritis, Fremdkörper im Magen, Leber- oder Nierenerkrankung
Pressen ohne Kot- oder Urinabsatz	blutiger Schleim, Blut aus After und Urin	Knochenkotverstopfung, Harnröhren- oder Blasensteine
Durchfall	Blut im Kot, Erbrechen, Austrocknen	Magen-Darm-Infektion, Vergiftung
Husten	trockener Husten, Schleimwürgen, auch Reizhusten mit Blut-Schleim	Mandel-, Rachen- oder Kehlkopfentzündung (Zwingerhusten)
Mundgeruch	Speicheln, übermäßiges Trinken, urinöser, fauliger Mundgeruch	Zahnstein, Parodontose, eitriger Zahn, Gastritis, Nierenerkrankung
Schiefhalten oder Schütteln des Kopfes	Ohrgeruch, Schmerzen beim Kratzen	Fremdkörper im Ohr, zu viel Ohrenschmalz, Ohrmilben, Entzündung
Juckreiz	Pusteln, Haarausfall, Hautrötung, Schwellung	Ekzeme, Parasitenbefall (Flöhe, Zecken), Allergie, Tumor
Leckt Analgegend	Rutschen auf dem Hinterteil	Analdrüsenverstopfung, Wurmbefall
Hinken	Lahmheit und Schwellungen, Laufen auf drei Beinen	Verstauchung, Gelenk- oder Muskelverletzung oder -erkrankung
Tränende Augen	eitriger Ausfluss, entzündete Bindehäute	Entzündung, Infektion, Fremdkörper im Auge, erbliche Augenerkrankung
Hinterhandschwäche	verspannter, schmerzhafter Rücken	Arthrose, Bandscheibenbeschwerden
Blähungen	Schleimwürgen ohne Futter zu erbrechen, Unruhe, stöhnende Atmung	Magendrehung, in diesem Fall höchste Eile zur Operation!

Kommt zu einem Anzeichen mindestens eines der Symptome hinzu, müssen Sie sofort zum Tierarzt.

Fortpflanzung der Hunde

Wie bei allen anderen Haus- und Nutztieren greift der Mensch auch bei Hunden gravierend in deren Sexualleben ein – sei es, um unerwünschten Nachwuchs zu verhindern oder um Rassen zu züchten beziehungsweise zu erhalten.

Je nach Rasse und Größe kommen unsere Hunde im Alter von 6 bis 18 Monaten in die Geschlechtsreife (Pubertät). Rüden beginnen nun das Bein zu heben, Hündinnen kommen in die erste Hitze. Erste sichtbare Anzeichen bei der Hündin sind das An-schwellen des Geschlechtsteils und der einsetzende blutige Ausfluss aus der Scheide. Von diesem Zeitpunkt an kommt die Hündin nach etwa neun Tagen in die Standhitze (Östrus). Jetzt findet der Eisprung statt, und die Hündin ist einige Tage empfängnisbereit. Wird sie in dieser Zeit von einem Rüden gedeckt, wird sie mit großer Wahrscheinlichkeit trächtig: Vom Zeitpunkt der Befruchtung an trägt die Hündin 60 bis 63 Tage, ehe sie im Schnitt zwei bis acht Welpen wirft.

So ein Rudel Welpen im Alter von sechs bis acht Wochen bedeutet nicht nur für die Mutterhündin eine Herausforderung. Auch der Halter muss viel Zeit für die Beaufsichtigung und Betreuung aufbringen.

Hündinnen kommen durchschnittlich zweimal jährlich in die Hitze. Haushundrüden dagegen sind das ganze Jahr über deckfähig. Sie müssen allerdings durch den Geruch einer läufigen Hündin stimuliert werden. Auf Hündinnen außerhalb der Hitze reagieren sie freundlich, aber sexuell neutral.

Hundenachwuchs – lieber nicht

Beide, Rüde wie Hündin, sind sehr einfallsreich, wenn es darum geht, zu einem Sexualpartner zu gelangen. Und auch wenn der Gedanke an süße kleine Hundebabys für Sie noch so verlockend ist: Bevor Sie an das Vermehren denken, sollten Sie sich bewusst werden, welch große Verantwortung Sie damit übernehmen. Überlassen Sie das Züchten lieber dem Fachmann. Er hat über Verbände und Zuchtvereine gelernt, worauf es bei der Aufzucht und Prägung der Welpen bis zur Abgabe an die neuen Besitzer ankommt. Als Laie sollten Sie Ihre Hündin besser kastrieren lassen (→ Kasten). Denn auch, wenn es Ihnen gelingt, Ihr Tier während der Läufigkeit ständig unter Kontrolle zu haben: Für Hündinnen, die nicht gedeckt werden sollen, bedeutet die Hitze jedes Mal eine Quälerei, weil der dabei aufgestaute (Hormon-)Stress nicht im Deckakt abgebaut wird.

Ungeplante Schwangerschaft Ist Ihre Hündin ungewollt gedeckt worden, sprechen Sie so schnell wie möglich mit Ihrem Tierarzt. Auch bei Hunden ist ein Schwangerschaftsabbruch möglich. Ist es dafür schon zu spät, dann holen Sie sich fachmännische Hilfe (zum Beispiel beim Tierarzt, beim Tierschutzverein und in Fachliteratur), um die Geburt und die Aufzucht »Ihrer« Welpen so gut wie möglich zu überstehen. Suchen Sie zuverlässige und verständige Abnehmer für die Kleinen, damit diese nicht gleich wieder im Tierheim landen.

Verantwortungsbewusste Haltung

TIPPS VOM
HUNDE-EXPERTEN
Horst Hegewald-Kawich

VERANTWORTUNG Unsere Tierheime sind übervoll mit Hunden, die niemand haben will, und jährlich kommen zigtausend halb verwilderte »Urlaubshunde« aus südlichen Ländern oder Straßenhunde aus dem Osten hinzu. Daher sollte jeder Hundehalter ohne züchterische Ambitionen und entsprechendes Fachwissen alles daransetzen, die Fortpflanzung von Hunden zu verhindern.

HÜNDINNEN Die sicherste Methode, Nachwuchs zu verhindern, ist die Kastration der Hündin. Dabei werden Eierstöcke und Gebärmutter entfernt. Eine Wesensveränderung der Hündin ist erfahrungsgemäß nicht zu erwarten, ebenso wenig eine automatische Gewichtszunahme. Der günstigste Zeitpunkt für die Kastration liegt zwischen der zweiten und dritten Hitze.

RÜDEN Die Kastration von Rüden ist wegen der damit einhergehenden, recht gravierenden Wesensveränderung nicht ganz problemfrei. Sie verlieren oftmals an Selbstbewusstsein und werden daher von potenten Rüden häufig besprungen, was wiederum zu Raufereien unter den Tieren führen kann.

Ein Herz für Hundesenioren

Wie schnell oder langsam Ihr Hund altert, ist von vielen Dingen abhängig. War Ihr Liebling bislang allseits gesund und gepflegt und litt er nicht unter rassebedingten Erbkrankheiten, kann er selbst im Alter von elf Jahren noch genauso aussehen und sich bewegen wie ein Sechsjähriger derselben Rasse. Artgerechte Haltung sowie sinnvolle Beschäftigung, gesunde Ernährung und gute Pflege sind die Grundvoraussetzungen dazu. Selbstverständlich lässt früher oder später die Leistungsfähigkeit nach, und sein Fang wird grau. Dafür aber wird der Hund auch ausgeglichener und scheinbar vernünftiger. Oft genügt schon ein kurzer Blick, um sich mit seinem Menschen zu verständigen.

Was die Jahre mit sich bringen

Genau wie der ältere Mensch hört und sieht auch der alte Hund nicht mehr so gut, was ihn aber weniger behindert als uns. Schließlich lebt er ja hauptsächlich in einer Geruchswelt (→ Seite 40/41). Schlimmer ist es, wenn er seine Riechfähigkeit verliert. In diesem Fall hat er meist auch keinen Appetit mehr und magert ab. Andere Hunde wieder werden im Alter übergewichtig, weil sie weniger Bewegung haben und falsch ernährt werden. Kreislauf, Atmung und Skelett werden überbelastet, und es können Leberfehlfunktionen, Blähungen, Durch-

Im fortgeschrittenen Alter verstehen sich Mensch und Hund meist ohne viele Worte.

Seine »wichtigsten« Aufgaben erfüllt auch ein Hundesenior noch mit großer Begeisterung.

fälle, Verstopfungen und Hautprobleme auftreten. Die Abwehrkräfte gegen Infektionen können ebenfalls abnehmen. Ein alter Hund verhält sich aber auch anders, als er es in seiner Jugend getan hat: Er kann sich an Veränderungen in seiner Umgebung nicht mehr so leicht anpassen. Wird ein neuer, junger Hund in die Familie aufgenommen, kann es durchaus Probleme mit dem älteren geben – es sei denn, er ist junge Hunde gewöhnt. In diesem Fall kann das Jungtier für den Alten unter Umständen wie ein regelrechter Jungbrunnen wirken.

Gesund bis ins hohe Alter

Vorsichtshalber sollten Sie Ihren alten Freund zweimal jährlich vom Tierarzt untersuchen lassen, auch wenn Sie glauben, dass er gesund ist. Das Herz altert schleichend und braucht vielleicht eine kleine Unterstützung. Für seine alten Gelenke gibt es inzwischen hervorragende Nahrungsergänzungsmittel. Füttern Sie ihn je nach Alter wieder bis zu dreimal täglich mit kleineren Portionen. Erhält er sein Futter nur einmal am Tag, würde die Verdauung zu sehr belastet. Bei Übergewicht oder Appetitlosigkeit sollten Sie zusammen mit Ihrem Tierarzt einen Ernährungsplan entwickeln, der auf die Besonderheiten Ihres alten Hundes zugeschnitten ist und der auch etwaige organische Erkrankungen berücksichtigt. Geben Sie ihm vermehrt seine Lieblingskost, wenn er altersbedingt nicht mehr so viel Appetit hat.

Den Alltag meistern Passen Sie neben der Nahrung auch den gemeinsamen Alltag den veränderten Umständen an. Behalten Sie dabei alte Gewohnheiten bei, richten Sie sie aber nach dem aktuellen Leistungsstand Ihres Hundes aus. Wenn Ihr Hund bisher bestimmte Aufgaben erledigt hat (beispielsweise Zeitung oder Körbchen tragen), darf man ihm dies nicht plötzlich untersagen oder auf den jünge-

Wo liegt nur das Leckerli? Das Hütchenspiel in der Wohnung ist nicht nur bei schlechtem Wetter ein spannendes Nasen- und Intelligenzspiel.

ren Hund übertragen, um ihn zu schonen. Wenn er es nicht mehr kann, wird es anzeigen und selbst nicht mehr scharf darauf sein. Ihr alter Hund braucht jetzt besonders viel Zuneigung und Vertrauen.

Trennung für immer Irgendwann müssen Sie dann Abschied nehmen. Ihr Tierarzt hilft Ihnen dabei, die verbliebene Lebensqualität Ihres Hundes richtig einzuschätzen. Warten Sie nicht aus Egoismus zu lange. Manche Hunde leiden stumm. Erlösen Sie Ihren Freund von seinen Leiden, noch bevor er lebenswichtige Dinge wie laufen, fressen, trinken, Kot und Urin absetzen nicht länger schmerzfrei bewältigen kann. Lassen Sie den Tierarzt, der ihm die letzte Spritze verabreichen soll, ins Haus kommen, wo das Tier in Ruhe und Geborgenheit einschlafen kann. Das Leben eines Hundes ist leider nur kurz. Machen Sie es nicht aus Unwissenheit zu einem »Hundeleben« – auch nicht zu guter Letzt.

Ein gutes Miteinander

Wer einen Hund zu sich nimmt, trägt die uneingeschränkte Verantwortung für seinen vierbeinigen Freund. Damit sich Mensch und Tier gleichermaßen wohlfühlen, gehört eine gute Erziehung ebenso dazu wie ausreichend Zeit zum Spielen und Gassigehen.

Von Menschen und Hunden

Der Hund ist für viele Menschen weit mehr als das beliebteste und älteste Haustier. Vor allem seine psychischen Fähigkeiten tragen dazu bei, dass wir eine ganz besondere Beziehung zu ihm aufbauen. Aber gerade seine Klugheit, Sensibilität, Gefolgschaftstreue und extreme Anpassungsfähigkeit bringen es auch mit sich, dass wir ihn häufig nicht mehr objektiv betrachten – vor allem dann, wenn der Hund schon lange in der Familie lebt und sich eine innige Vertrautheit entwickelt hat. Unser vierbeiniger Liebling scheint uns oft so ähnlich zu sein, er verhält sich bisweilen so »menschlich«, dass wir ihn gar nicht mehr Hund sein lassen. Und das umso mehr, je stärker er die verschiedensten Lücken im Sozialbereich seines Menschen füllen soll. Dass es dabei vor allem um Ansprüche des Menschen geht, liegt auf der Hand. Die Bedürfnisse des Hundes dagegen werden immer häufiger übersehen.

Als Welpe noch heiß geliebt, wird der erwachsene Hund schnell abgeschoben, wenn er nicht wie erwartet »funktioniert«. Und das, obwohl meist nur die Unwissenheit seines Besitzers zu dem ungewünschten Verhalten führt.

Übernehmen Sie Verantwortung

Aus Liebe zum Hund halte ich es für die Pflicht eines jeden Hundebesitzers, sich vor der Anschaffung eines neuen Hausgenossen ausreichend über dessen arteigene Bedürfnisse zu informieren. Denn dieses Wissen hilft uns, den Hund besser zu verstehen und uns besser mit ihm zu verständigen. Wir Menschen haben großen Einfluss auf die Entwicklung und auf das spätere Verhalten unserer Hunde. Nehmen Sie diese große Aufgabe mit bestem Wissen und Gewissen an, und Sie werden viel Freude mit Ihrem neuen Freund haben.

Den Hund verstehen

Wir Menschen haben eine erzählende Sprache, bei der wir vor allem viele Worte benutzen. Hunde dagegen sind bei der Kommunikation vor allem auf ihren Körperbau und ihre Sinne angewiesen – sie verständigen sich zum Beispiel mithilfe der Stellung von Rute oder Ohren, über ihre Mimik und – was für sie sehr wichtig ist – ihres Geruchssinns. Sie erschnüffeln sich damit das »Geruchsgesicht« ihres Gesprächspartners. Daneben bringen sie natürlich auch mit Lauten wie Fiepen, Winseln, Knurren oder Bellen etwas zum Ausdruck. Im Gegensatz zu uns Menschen können Hunde mit ihrer Körper- und Lautsprache aber immer nur das ausdrücken, was sie im Augenblick empfinden. Der Mensch hingegen kann Vergangenes oder Zukünftiges besprechen. Darüber hinaus können wir uns verstellen, indem wir mit Gesten, Stimmlage, Blicken und Körperhaltung etwas anderes ausdrücken als das, was wir wirklich denken. Diese Eigenschaft fehlt unserem Hund: Er kann nicht lügen. Alles, was er anzeigt, fühlt er auch entsprechend. Nimmt er eine drohende Haltung ein, droht er auch tatsächlich. Wenn er sich unterwirft, akzeptiert er wirklich seine untergeordnete Rangstellung. Wollen wir unsere Hunde verstehen und uns ihnen verständlich machen, müssen wir daher ihre Sprache lernen – nicht umgekehrt.

Die »Sprache« des Hundes

Die richtige Anwendung und Bedeutung ihrer Körpersignale lernen Hunde bereits in frühester Jugend: beim Welpenspiel, das eine der wichtigsten Sozialisierungsphasen darstellt (→ Seite 42–47). Um wirklich zu verstehen, was ein Hund gerade sagen will, müssen Kopf, Körper und Rute im Zusammenspiel beurteilt werden.

Imponieren Will ein Hund beispielsweise einem anderen imponieren, möchte er größer erscheinen, als er ist. Er steht steifbeinig vor seinem Artgenossen, und seine Rute ist, leicht pendelnd, hoch erhoben. Er fixiert sein Gegenüber aber nicht. Der Kopf ist leicht abgewandt, die Ohren sind nach vorn gerichtet. Aus dieser Situation kann sich eine Drohung oder ein plötzlicher Angriff entwickeln, wenn sich der andere Hund nicht unterwirft. Es können aber auch beide hoch erhobenen Hauptes auseinandergehen und nach kräftigem Scharren den

---

Können **Hunde lächeln?**

DER KÖRPER SPRICHT BÄNDE Manche Hunde zeigen in bestimmten Situationen ihre Zähne, indem sie die Oberlippe hochziehen. Das angebliche Lachen lässt sich vor allem bei Dalmatinern, Australischen Schäferhunden, Zwergpinschern und Border Collies beobachten. Was jedoch wie ein Grinsen wirken mag, lässt sich mit dem menschlichen Lächeln nicht vergleichen. Es ist eher ein Zähnefletschen. Die Hunde drücken dadurch starke Gefühle aus – das können zwar durchaus auch Glück und Erregung sein, meist ist es jedoch pure Aggression. Achten Sie daher unbedingt auf die restliche Körpersprache. Ein Hund, der tatsächlich »lächelt«, ist locker, entspannt und wedelt freudig mit der Rute. Fletscht er dagegen die Zähne, ist er angespannt, die Körpersprache wirkt aggressiv.

Beim Welpenspiel während der Sozialisierungsphase lernen die jungen Hunde, die arttypische Körpersprache anzuwenden und zu verstehen.

Aufreiten muss nicht immer sexuell motiviert sein. Oft ist es eine Dominanzgeste – deshalb ist es auch bei Hündinnen oder Rüden untereinander zu beobachten.

nächsten Baum markieren. Das Besteigen des Gegners ist ebenfalls ein deutliches Imponiergehabe. Das Gleiche gilt, wenn sich ein Hund quer vor der Nase des Gegners aufstellt. Beides ist Zeichen für ein Dominanzverhalten.

Unsicherheit Ist ein Hund dagegen unsicher, wie er sich seinem Artgenossen gegenüber verhalten soll, macht er sich kleiner. Er knickt die Gliedmaßen ein und klemmt die Rute zwischen die Beine. Der Blick ist unruhig, die Gesichts- und Kopfhaut sind gespannt. Die Ohren werden nach hinten gezogen, und der Hund scheint regelrecht zu grinsen. Der Kopf ist gesenkt. Ein Verhalten übrigens, das häufig auch Hunde zeigen, die schlecht sozialisiert oder zu hart erzogen wurden.

Drohverhalten Beim Drohverhalten lassen sich das Angriffs- und das Abwehrdrohen unterscheiden. Droht ein Hund anzugreifen, ist sein Körper gestreckt, die Haare sind gesträubt, und die Rute wird weit nach vorn über den Rücken gestreckt. Mit gefletschten Zähnen und nach hinten gezogenen

Ohren hält das Tier den Kopf so gesenkt, dass der Gegner noch fixiert werden kann. Die Haltung wird von Knurren oder Bellen begleitet. Das Angriffsdrohen zeigt der Hund, wenn er etwas verteidigt. Es entsteht aus starkem Selbstbewusstsein.

Beim Abwehrdrohen dagegen sind die Beine leicht eingeknickt, die Rute wird eng an den Unterleib gedrückt (manchmal auch seitlich). Mitunter sind die Haare auch in dieser Stellung gesträubt. Diese Körperhaltung drückt Unsicherheit und Angst aus; es soll unangenehmes Verhalten von Artgenossen und Menschen abwehren. So wie der Hund mit Imponiergehabe seinen Dominanzanspruch anmeldet, so zeigt er durch Demutsverhalten, dass er sich mit einer untergeordneten Stellung zufriedengibt.

Unterwürfigkeit Im Zusammenhang mit dem Demutsverhalten des Hundes unterscheidet man zwischen aktiver und passiver Unterwerfung. Die Erstere zeigt der Hund auf Vertrauensbasis von sich aus (etwa gegenüber seinem Herrchen). Letztere wird ihm von der Umwelt aufgezwungen.

Bei der passiven Unterwerfung liegt der Hund meist auf dem Rücken, er kann aber auch sitzen oder in einer anderen Position liegen. Er pfötelt in Richtung des Hundes, der sich als dominant erwiesen hat. Er zieht die Ohren nach hinten und meidet den Blickkontakt. Sein Gesichtsausdruck wirkt durch »grinsende« Lippen und Leckbewegungen der Zunge welpenhaft. In so einer Situation kann der Unterlegene zuweilen urinieren, winseln, fiepen und schreien. Ein gut sozialisierter Gegner beendet in diesem Moment sofort die Auseinandersetzung; eine Beißhemmung wird ausgelöst. Leider gibt es jedoch immer wieder Hunde, die nicht gelernt haben, diese Zeichen zu deuten und über den unterlegenen Hund herfallen.

Auch bei der aktiven Unterwerfung drückt die ganze Körperhaltung Unterwürfigkeit aus. Doch das Tier wirkt lockerer, sein Blick ist vertrauensvoll auf seinen Partner gerichtet, die Rutenhaltung ist neutral.

Hier wirkt die Spielaufforderung des Hundes beinahe wie eine Aufforderung zum Tanz. Wer könnte da wohl widerstehen?

Auf diese Weise begegnet der Hund meist seinem Menschen. Er leckt ihm dabei zuweilen die Hände, gibt Pfötchen oder fordert zum Bauchkraulen auf. Anderen Hunden gegenüber zeigt er die aktive Unterwerfung vor der Spielaufforderung oder in einer neutralen Situation.

Spiel mit mir

Bei der Spielaufforderung drückt der Hund seinen Vorderkörper auf den Boden. Dann bewegt er sich im Hoppelgalopp auf den Spielpartner zu, um kurz vor ihm wieder umzudrehen und sich jagen zu lassen oder selbst zum Jäger zu werden – sofern der andere mitmacht. Hopsendes Entgegenkommen, abruptes Stehenbleiben mit steifen Beinen, Spieltragen (begeistertes Herumtragen verschiedener Gegenstände im Fang) und Apportieren gehören ebenfalls zum Spielverhalten unseres Hundes. Wenn Ihr Freund spielerisch beißt, will er austesten, wie weit er gehen kann. Das ist normal und ungefährlich, sofern Sie das Spiel sofort unterbrechen, sobald der Hund zu grob wird.

Bellen und Co.

Ab der vierten Lebenswoche beginnen Welpen zu bellen. Erwachsene Hunde setzen Bellen unterschiedlich ein: als Begrüßung oder Drohung. Um es richtig zu deuten, brauchen Sie immer die zusätzlichen Informationen von Mimik und Körpersprache. Doch die Hundesprache umfasst noch mehr Laute.

Winseln Es ist immer ein Laut des Unwohlseins – und somit oft Bestandteil der passiven Unterwerfung. Bei der aktiven Unterwerfung ist es dagegen als Annäherungslaut zu deuten, weil der Hund sich damit hilfsbedürftiger machen will, als er ist.

Fiepen Ist ein lautes, gedehntes, mit offenem Mund ausgestoßenes Winseln.

Kinder besitzen sehr oft die Fähigkeit, Hunde intuitiv richtig zu verstehen und einzuschätzen – auch wenn sie kaum etwas über die Körpersprache der Tiere wissen. Zudem setzen sie selbst ihre eigene Körpersprache im Umgang mit den Vierbeinern viel stärker ein als Erwachsene.

Schreien und Kreischen Wird nur durch große Angst und Schmerzen ausgelöst und ist deshalb nur bei ernsten Kämpfen untereinander oder bei Misshandlungen durch Menschen zu hören.

Knurren Wird als Drohlaut benützt. Beim Spiel mit dem Menschen knurren Hunde oft sehr intensiv, zeigen dabei aber keine weiteren Drohgebärden. Ein besonderer Laut sei noch erwähnt: Beunruhigt den Hund etwas, das er noch nicht identifizieren kann, schnauft er vor dem Wuffen lautstark.

Der Körper des Hundes

Augen

Das Hundeauge reagiert schneller als das menschliche. Dafür sieht es nicht so scharf. Und Hunde erkennen weniger Farben, sehen eher schwarz-weiß. Dafür nehmen sie die Umwelt weitaus kontrastreicher wahr als wir.

Nase

Der Geruchssinn des Hundes ist um ein Vielfaches besser ausgeprägt als der des Menschen. Er spielt im Hundeleben wohl die wichtigste Rolle, da er durch ihn alle wichtigen Informationen seiner Umwelt erhält.

Zähne

Ein erwachsener Hund hat 42 Zähne, das Milchgebiss der Welpen weist 28 Zähne auf. Die Zähne des Oberkiefers (außer bei den hinteren Backenzähnen) greifen über die Außenflächen der unteren Zähne (Scherengebiss).

Ohren

Hunde hören ausge-
zeichnet. Das liegt auch an der Be-
weglichkeit ihrer Ohren, wodurch sie
das leiseste Geräusch auffangen und
orten können, woher der Ton kommt.
Das Ohr dient auch der Kommunikation: Durch die Stellung
drückt der Hund seine
Gefühle aus.

Tasthaare

Der Tastsinn ist vor allem
bei langhaarigen Hunden durch dich-
tes Fell stark beeinträchtigt. Daher
haben sie über den Augen, unter dem
Fang und auf den Seiten der Schnauze
Sinneshaare, die in gut durchbluteten
Hautpartien eingebettet sind. Sie
vermitteln dem Hund zusätzlich
Informationen über sei-
ne Umwelt.

Fell

Das Fell dient dem
Temperaturausgleich
bei Hitze und Kälte. Das
Stockhaar mit Unterwolle ist
dem des Wolfs am ähnlichsten.
Daneben gibt es eine Reihe ange-
züchteter Varianten wie Kurzhaar, Drahthaar oder
Kraushaar.

Pfoten

Die Pfoten sollten eng anei-
nanderliegende, gewölbte Zehen
und harte Ballen haben. Zwischen den
Ballen sitzen Schweißdrüsen, die der
Fußspur einen individuellen Geruch
verleihen. Hunde laufen auf vier
Zehen. Die fünfte Zehe sitzt höher.
Sie heißt vorn Daumen-, hinten Wolfskralle und sollte
bei Bedarf regelmäßig
gekürzt werden.

Die Erziehung des Welpen

Viele Anfänger verstehen unter der Erziehung eines Hundes, ihm Befehle wie Sitz, Platz oder Fuß beizubringen. Dies ist jedoch nur ein kleiner, wenn auch wichtiger Teil seiner Ausbildung.

Früh übt sich

Der wichtigste Zeitraum bei der Erziehung eines Hundes ist das erste Lebensjahr. Er sollte daher von Anfang an im engen Kontakt zum Menschen heranwachsen. Die Erziehungsgrundlagen werden bereits während der Frühentwicklung im Umgang mit dem Welpen gelegt. Dabei spielen drei wichtige Faktoren eine große Rolle: Einflüsse durch den regelmäßigen Kontakt zu anderen Hunden, Umwelteinflüsse innerhalb und außerhalb des Lebensbereichs und der Einfluss durch den Hundehalter.

Menschliche Gebrauchsgegenstände, wie dieser Kinderschuh, sollten ab dem ersten Tag für den Welpen als Spielzeug tabu sein.

Welpenspielstunde Der Welpe muss in der Zeit von der 8. bis etwa 16. Lebenswoche regelmäßig Gelegenheit haben, mit anderen etwa gleichaltrigen Hunden zu spielen. Vereine und Hundeschulen bieten dazu sogenannte Welpenspielstunden an. Dort lernt Ihr Liebling seine Grenzen zu erkennen und sich durchzusetzen. Durch das Training seiner sozialen Mechanismen während dieser Prägungszeit wird der Grundstein für sein späteres Sozialverhalten gelegt. Während dieser Zeit wird alles, was er positiv oder negativ erlebt, gespeichert. Was er nicht erlebt, kann kaum mehr nachgeholt werden. Idealerweise treffen sich bei der Welpenrunde verschiedene Rassen. So erfährt Ihr Hund gleich, dass seine Artgenossen ganz unterschiedlich aussehen können. Hilfreich ist auch die Anwesenheit eines gut sozialisierten erwachsenen Hundes. Greifen Sie nicht ein, wenn ein erwachsener Hund Ihren Welpen diszipliniert. Nur wenn er lernt, sich unterzuordnen, wird er später keine Probleme mit anderen Hunden haben. Suchen Sie aber nur Kontakt zu solchen erwachsenen Hunden, die selbst artgerecht aufgewachsen sind und die ihre Beißhemmung gegenüber Welpen nicht verloren haben.

Vorbildcharakter Hat Ihr Hund seinen engeren Wohnbereich kennengelernt, kann er auch die nähere Umgebung sowie den Straßenverkehr mit all seinem Lärm und Abgasen erleben. Allerdings sollten Sie ihn schrittweise an die neue Situation heranführen – und immer an der Leine. Ein Hund mit einem angeborenen guten Wesen wird sich am Menschen orientieren. Dieser muss ihm durch sein eigenes sicheres Auftreten die Gewissheit signalisieren, dass ihm nichts passieren kann. Hunde passen sich nämlich schnell ihrem Menschen an. Und so ist es kein Wunder, wenn ängstliche Menschen verunsicherte oder ängstliche Hunde haben. Ein unbeherrschter, leicht reizbarer Mensch andererseits wird sehr bald auch einen Hund haben, der keiner Schlägerei aus dem Weg geht. Besonders gutmütige und inkonsequente Menschen hingegen werden nicht selten von ihrem Hund ausgenutzt und nach seinen Vorstellungen »erzogen«, weil Hunde in dieser Hinsicht kein Mitleid spüren. Hunde beobachten unser Verhalten ganz genau. Sie erkennen jede Unsicherheit, jede Gereiztheit, jede Trauer – und sie reagieren darauf. Wenn Sie aus irgendeinem Grund nicht »gut drauf« sind, lassen Sie daher besser die Finger von Erziehungsmaßnahmen. Sie zerstören damit eventuell das Vertrauen des Hundes. Machen Sie lieber einen gemeinsamen langen Spaziergang – und alles ist wieder gut.

Kinder Gerade in einer Familie mit Kindern ist es wichtig, dass der Hund auch die kleinen Familienmitglieder akzeptiert und ihr Verhalten toleriert. Die Liebe zu Kindern kann unser Hund allerdings nur von Kindern lernen, die ihrerseits wiederum Hunde lieben. Doch auch diese Kinder sollten beim Umgang mit dem Hund von Erwachsenen beaufsichtigt werden. Schließlich müssen beide Seiten voneinander lernen und sich erst einmal aufeinander einstellen. Bleiben Sie deshalb als Eltern vor allem anfangs immer dabei.

Jagdinstinkte Was den friedlichen Umgang unseres Hundes mit anderen Tieren angeht, dürfen Sie nie vergessen, dass Sie einen domestizierten Beutegreifer an der Leine haben (→ Seite 13). Schon der Welpe darf niemals (wirklich niemals!) ein lustvolles Jagderlebnis haben, weil er ohne zuverlässigen Gehorsam vor Ablauf des ersten Lebensjahres unkontrolliert frei laufen durfte.

Ein Welpe sollte bereits in den ersten 16 Wochen seines Lebens andere Tiere kennenlernen. Dann klappt das Zusammenleben meist problemlos.

Hunde-**Erziehungsratgeber**

AUF AUGENHÖHE Wenn Sie sich mit dem Welpen beschäftigen, gehen Sie immer in die Hocke.

KÖRPEREINSATZ Arbeiten Sie vorrangig mit Körpersprache und Mimik, aber sparsam mit Ihrer Stimme. Geben Sie jedes Hörzeichen nur einmal.

KLARTEXT Benutzen Sie stets nur kurze Kommandos. Lange Sätze verunsichern den Hund. Nicht die Lautstärke, sondern die Stimmfärbung ist wichtig.

BELOHNUNG Der Hund sollte beim Üben hungrig sein, damit ihn Leckerlis motivieren. Und: Jede Übung muss für ihn mit einem Erfolg enden.

PAUSE MACHEN Legen Sie bei allen Übungen nach einigen Minuten Spielpausen ein.

Die Grunderziehung

Um den Hund zu Unterordnungsübungen zu motivieren, benützen Sie am besten seinen angeborenen Fress- und/oder Spieltrieb. Dadurch wird der Hund in eine positive Erregtheit versetzt, und er ist bestrebt, durch das Ausführen der ihm gestellten Aufgabe zu seiner Trieberfüllung (Leckerli oder Spiel) zu kommen.

Die nachfolgenden Übungen der Grunderziehung – »Hier«, »Sitz«, »Platz«, »Bleib« und »Nein« sowie die Leinenführigkeit und die Freifolge – bilden die Grundausstattung der Erziehung und die Basis für jede weiterführende spezielle Ausbildung oder hundesportliche Betätigung. Zunächst dienen sie aber dazu, dass Sie sich stressfrei mit Ihrem Hund in der Öffentlichkeit bewegen können: Sie (oder Ihr Hund) fallen weder unangenehm auf, noch stellen Sie ein Risiko für die Umwelt dar.

Einer meiner Grundsätze bei der Erziehung lautet: »Der Hund muss selbst daran interessiert sein, das Gelernte auf Kommando zu zeigen, da es ihm höchsten Lustgewinn verspricht.« Was dagegen unter Zwang oder gar unter der Anwendung von Gewalt und unter Schmerzen gelernt wurde, wird Ihr Tier auch nur gezwungenermaßen wiederholen wollen. Das gilt für Welpen ebenso wie für ausgewachsene Tiere, auch wenn es bei diesen meist länger dauert, bis sich Erfolge einstellen.

An der lockeren Leine gehen

Die Leine sollte keine Strafe darstellen, dient sie doch in erster Linie dazu, Ihren Hund zu sichern. Hat er sich an das Halsband gewöhnt, legen Sie ihm zunächst in der Wohnung oder im Garten eine zwei bis drei Meter lange leichte Leine an. Halten Sie ihn daran, während Sie mit ihm spielen. Hat er die Leine akzeptiert, können Sie mit ihm auf die Straße gehen. Verhalten Sie sich dabei dem Hund gegenüber immer so, als wäre er nicht angeleint. Die Leine soll locker durchhängen. Wenn der Hund vorwärtsstrebt, drehen Sie sich, kurz bevor sich die Leine strafft, wortlos und abrupt um und gehen in

Wenn der Hund die Leinenführigkeit an lockerer Leine freudig zeigt, wird er auch in der Freifolge gehorsam an der Seite seines Herrchens bleiben.

die entgegengesetzte Richtung. Sobald sich der Hund wieder im lockeren Leinenbereich auf Ihrer linken Seite befindet, wird er heftig gelobt. Wiederholen Sie den Vorgang konsequent so oft, bis der Hund gelernt hat, dass er nur bei lockerer Leine vorwärtskommt. Auf diese lockere Art soll sich auch später der erwachsene Hund an der Leine bewegen, wenn er aus bestimmten Gründen beim Spaziergang nicht frei laufen darf.

Bei Fuß gehen

Im Alter von sechs bis acht Monaten – jetzt kann er sich schon länger konzentrieren – sollte der Hund lernen, auf das Hörzeichen »Fuß« so an der lockeren Leine zu gehen, dass sich seine rechte Schulter auf Höhe der linken Seite des Halters befindet. Dazu benötigen Sie eine ein Meter lange Leine. Ein Leckerli oder Spielzeug in der rechten Hand motiviert den Hund mitzugehen. Das »Objekt der Begierde« müssen Sie so geschickt einsetzen, dass Ihr Hund mit höchster Aufmerksamkeit an der lockeren Leine alle Wendungen, Richtungsänderungen und Gangarten freudig mitmacht. Geht der Hund korrekt, wiederholen Sie immer wieder das Hörzeichen »Fuß«. Schießt der Hund nach vorn, machen Sie eine enge Wendung nach links. Weicht er nach links ab, wenden Sie sich nach rechts. Gehen Sie anfangs nicht nur geradeaus, sondern wechseln Sie öfter die Richtung und verändern Sie immer wieder die Gangart. Zwischendurch lassen Sie den Hund an der linken Seite absitzen, werfen ihm den Ball oder bestätigen ihn mit einem Leckerli.
Sobald Ihr vierbeiniger Freund diese Übungen mit lockerer Leine freudig ausführt, ohne dass Sie ihn dabei korrigieren und viel motivieren müssen, können Sie die gleiche Übung auch ohne Leine als sogenannte Freifolge trainieren.

Eine gute Hundeschule erkennen

TIPPS VOM
HUNDE-EXPERTEN
Horst Hegewald-Kawich

In der Hundeschule erhalten Sie professionelle Unterstützung rund um die Erziehung. So finden Sie den richtigen Ansprechpartner:

GUTER RUF Hundeschule oder Verein sind bekannt für ihre guten Methoden.

PROBESTUNDE Sie dürfen die Ausbildungsstunden beobachten, ehe Sie sich einschreiben.

KLEINE GRUPPEN Pro Ausbilder hat die Gruppe nur in Ausnahmefällen mehr als 6 Teilnehmer.

POSITIVES LERNEN Es werden keine Zwangsmittel angewendet (Würge- oder Stachelhalsbänder, Elektroschockgeräte).

ZIELE Der Ausbilder informiert sich im Vorfeld über Haltung, Besonderheiten und Probleme Ihres Hundes sowie über Ihr Ausbildungsziel.

ANGEBOTSPALETTE Neben praktischen Übungen werden theoretischer Unterricht sowie Spielstunden für Welpen angeboten.

PROBLEMFÄLLE Für Problemhunde wird Einzelunterricht angeboten oder vermittelt.

»Sitz« und »Bleib«

Um dem Hund das Sitzen beizubringen, motivieren Sie ihn mit einem Leckerli, nach dem er sofort gierig schnappen wird. Indem Sie das Futter schnell über seinen Kopf nach oben ziehen, wird der Hund gezwungen, sich hinzusetzen, da er die »Beute« sonst nicht erreichen kann. In dem Moment, in dem er sich setzt, geben Sie deutlich den Befehl »Sitz«. Während Sie das Tier in dieser Stellung ruhig streicheln, sagen Sie wiederholt »Bleib«.

Um die Sitzposition wieder aufzulösen, geben Sie das Hörzeichen »Lauf« – beim Welpen geschieht das bereits nach einigen Sekunden, mit zunehmender Sicherheit immer später.

1 Ihr vierbeiniger Freund ist ebenso lernbegierig wie verfressen: Aus Erfahrung weiß er bald, dass die erhobene Hand ein Leckerli für ihn bereithält.

2 Daher wird er auf das Sitzzeichen und das zugleich ausgesprochene Hörzeichen »Sitz« schnell und voller Freude reagieren – genau wie Sie es wünschen.

Sobald der Hund sicher sitzen bleibt, halten Sie ihm mit gestrecktem Arm die offene Handfläche vors Gesicht. Dabei entfernen Sie sich langsam rückwärtsgehend ein bis zwei Schritte, während Sie gleichzeitig »Bleib« sagen. Loben Sie den Hund mit sanfter Stimme und fordern ihn auf, sitzen zu bleiben. Steigern Sie sich nach und nach, bis auf eine Entfernung von etwa zehn Schritten. Gehen Sie dann zurück zu Ihrem Hund (nicht abrufen), und belohnen Sie ihn mit einem Leckerli.

»Platz« und »Bleib«

Soll der Hund sich hinlegen, gehen Sie ähnlich vor: Der angeleinte Hund sitzt links von Ihnen. Mit der rechten Hand führen Sie ein Leckerli vor seiner Nase zum Boden. Er kann es nur erreichen, wenn er sich hinlegt. Gleichzeitig mit seinem Hinlegen sagen Sie »Platz«. Sobald er am Boden liegt, erhält er seine Belohnung. Halten Sie das Tier dann einige Sekunden in der »Sphinxhaltung«, indem Sie ihm über den Rücken streicheln. Wiederholen Sie dabei immer wieder das Wort »Bleib«. Durch »Lauf« wird das Kommando »Platz« wieder aufgelöst.

Bleibt Ihr Hund ohne Hilfe sicher liegen, üben Sie das Weggehen genauso wie bei »Sitz« und »Bleib«.

»Hier« oder »Komm«

Indem Sie dem frei laufenden Hund in die entgegengesetzte Richtung davonlaufen und gleichzeitig seinen Namen rufen, motivieren Sie ihn dazu, Ihnen nachzusausen. Kurz bevor er Sie erreicht, rufen Sie mehrmals das Hörzeichen »Hier« oder »Komm« und zeigen ihm ein Leckerli. Dieses bekommt er anfangs sofort, wenn er Sie erreicht hat – zunächst soll nur das schnelle Kommen belohnt werden. Später, wenn sich Ihr Freund aus jeder Lage sicher abrufen lässt, muss er erst vor Ihnen absitzen, ehe er belohnt wird.

Wiederholen Sie diese Übung beim Freilauf jedes Mal, sobald sich Ihr Hund weiter als ungefähr 15 m von Ihnen entfernt.

»Nein«

Das Unterlassungshörzeichen »Nein« ist wichtig, um unerwünschtes Verhalten abzubrechen oder bereits im Entstehen zu verhindern. Um dem Hund die Bedeutung dieses Wortes zu lehren, gehen Sie wie folgt vor: Sie sitzen vor Ihrem sitzenden Hund. In beiden noch geschlossenen Händen halten Sie herrlich duftende Leckerlis (Käse oder Wurst). Wenn Sie die linke Faust öffnen, wird sich Ihr Hund sofort das Leckerli schnappen wollen. Allerdings ohne Erfolg, weil Sie die Hand blitzschnell wieder schließen. Gleichzeitig stoßen Sie ein drohendes »Nein« aus. Das Ganze wiederholen Sie so lange, bis der Hund allein auf »Nein« das Leckerli auf der offenen Hand verschont. Klappt es, belohnen Sie ihn sofort mit dem Leckerli aus der rechten (!) Hand. Verfestigen Sie diese Übung noch einige Tage, indem Sie sie regelmäßig wiederholen. Wenden Sie dann das »Nein« auch konsequent im täglichen Umgang mit dem Hund an.

»Pfui« und »Aus«

Das harte Hörzeichen »Pfui« ist bei mir eine Verschärfung von »Nein«. Während ich mit »Nein« den Hund warne, etwas Unerlaubtes zu tun, soll ihn »Pfui« veranlassen, das bereits begonnene unerwünschte Verhalten sofort abzubrechen – etwa wenn er beim Gassigehen etwas frisst. Leider ist es nur beim angeleinten Hund möglich, strafend einzugreifen, wenn der Befehl nicht befolgt wird. In diesem Fall werfen Sie unmittelbar auf das »Pfui« eine Klapperdose (mit Steinen gefülltes Metalldöschen). Vor Schreck lässt der Hund meist los. Nun

rufen Sie ihn mit »Hier« und belohnen ihn für sein Kommen mit einem Leckerli. Wäre er nicht angeleint, würde er einfach davonrennen.

Das Kommando »Aus« benützen Sie dagegen nie strafend oder drohend. Geben Sie diesen Befehl beim freudig apportierenden Sporthund, der das geworfene Bringholz hoch motiviert zurückbringt. Schließlich soll er Ihnen das Holz überlassen, ohne darauf herumzukauen oder darum zu streiten. Dafür befriedigen Sie seinen Trieb, indem Sie es nochmals werfen. Auch wenn Sie nach Hause kommen und Ihr Hund zur Spielaufforderung und Begrüßung freudig sein Spielzeug bringt, gibt er es auf »Aus« ohne Widerspruch in die Hand.

3 Ganz gleich in welcher Position der Hund zu Ihnen sitzt: Soll er sich hinlegen, bewegen Sie Ihre flache Hand nach unten und geben ihm ein Sichtsignal.

4 Mit den gleichzeitigen Hörzeichen »Platz« und »Bleib« wird der Hund abgelegt und in dieser Position gehalten, bis er sich wieder erheben darf.

Mit dem Hund unterwegs

Es gibt leider nicht nur Hundeliebhaber, sondern auch Hundehasser. Zu diesen kommt eine immer größer werdende Zahl von Menschen, die Hunden gegenüber unsicher sind oder sogar panische Angst vor unseren Vierbeinern haben. Wenn Sie sich mit dem Hund in der Öffentlichkeit bewegen, muss ein wichtiger Grundsatz daher lauten: Durch Ihren Hund darf die Umwelt weder gefährdet, belästigt, verängstigt oder gar geschädigt werden. Ein gut erzogener Hund sollte in der Öffentlichkeit – wenn überhaupt – nur angenehm auffallen. Dazu bedarf es der Einhaltung einiger ungeschriebener Gesetze.

Vorsicht Gehorcht Ihr Hund noch nicht zuverlässig, darf er auf keinen Fall in Verkehrsbereichen oder Wildgebieten frei laufen – auch nicht probeweise. Sie müssen dann dafür sorgen, dass er sich beim gemeinsamen Spiel austoben kann (→ Seite 52–58). Und bei aller Liebe zum Hund: Überall muss Ihr Tier auch nicht dabei sein. Entscheiden Sie das von Fall zu Fall – aus Rücksichtnahme auf Mitmenschen

Abseits stark befahrener Verkehrswege und im übersichtlichen Gelände können sich Hunde ohne Leine frei begegnen und nach Hundeart kennenlernen. Lassen Sie sie dennoch nie aus den Augen.

(etwa im Restaurant oder bei Besuchen) oder auf Ihren Hund (beispielsweise auf lauten Partys oder Massenveranstaltungen).

Rücksicht nehmen Auch wenn Ihr Gefährte zuverlässig gehorcht und in verkehrsarmen Gegenden frei laufen kann, gilt es, einige Regeln zu beachten.
› Der Hund darf sich nicht mehr als 10 bis 15 Meter von Ihnen entfernen. Nur innerhalb dieses Bereichs kann er zuverlässig gehorchen. Passanten, Jogger oder Radfahrer müssen am Verhalten des Hundes oder an Ihrer Reaktion erkennen können, dass Sie Ihr Tier im Griff haben und es keine Gefahr darstellt.
› Verlangen Sie kein Spezialverhalten von Ihren Mitmenschen oder gar von Kindern. Sie selbst müssen die Reaktionen Ihres Hundes kontrollieren und vorbeugend einwirken. Gerade Kinder handeln im Vorbeigehen oder -rennen oft unvorhersehbar. Um die Harmlosigkeit des frei laufenden Hundes anzuzeigen oder Eventualitäten vorzubeugen, lassen Sie Ihren Hund auf Entfernung »Sitz« oder »Platz« machen, bis die Passanten vorüber sind, oder rufen ihn sogar in die Fußposition, um ihn anzuleinen – zum Beispiel wenn ein angeleinter Hund entgegenkommt. Der andere Halter zeigt durch die Leine an, dass sein Hund vielleicht ein Problem hat oder nicht ausreichend gehorcht. Ihr Hund muss auch nicht mit jedem fremden Hund spielen. Sie selbst spielen ja auch nicht mit jedem Passanten.
› Wenn Sie mit Ihrem Hund joggen, darf er nur ohne Leine laufen, wenn er absoluten Gehorsam hat.

Sauberkeit Tragen Sie immer kleine Plastikbeutel mit sich, um Ausscheidungen Ihres Hundes oder andere Verschmutzungen durch ihn sofort entfernen zu können. Kinderspielplätze sind für Hunde tabu.

Öffentliche Verkehrsmittel In Bus oder Bahn sollte der Hund so sitzen, dass andere Fahrgäste nicht behindert oder belästigt werden.

Läufige Hündin Verlegen Sie die notwendigen Spaziergänge mit einer läufigen Hündin in Gegenden, wo erfahrungsgemäß keine Hunde unterwegs sind. Lassen Sie Ihre Hündin während der Hitze aber auch dort nie (!) von der Leine. Wenn sie ungewollt gedeckt wird, trifft Sie die volle Verantwortung – nicht den Rüdenbesitzer. Schließlich werden

Das könnte eng werden. Wenn Sie den Hund jedoch unter Ihrer Kontrolle haben, kann ein Radler beruhigt überholen.

Rüden erst dann sexuell aktiv, wenn sie eine läufige Hündin riechen. Das können sie jedoch (leider) auf sehr große Entfernungen.

Problemhunde

Wenn ein Hund seine arteigenen oder seine rassespezifischen (angezüchteten) Verhaltensweisen nicht ausleben kann und er als Ersatz auch nicht ausreichend anderweitig beschäftigt wird, führt das nicht selten zu unerwünschten Frustrationshandlungen. Kommt zur unzureichenden Beschäftigung auch noch ein Mangel an menschlicher Zuwendung, reagieren die Tiere mit einem Verhalten, das den Konflikt in der Regel noch verstärkt: Sie überklettern oder untergraben Zäune und streunen umher. Sie zerstören Türen oder verwüsten die halbe Wohnung, wenn sie allein gelassen werden. Sie heulen und bellen vermehrt. Auf diese Weise wird der Hund seinen Erregungsstau los. Und die Ersatzhandlungen machen ihn ebenso glücklich wie eine Belohnung. Weil er sich damit quasi selbst belohnt, wird er die entsprechende »Entspannungshandlung« immer wieder anstreben.

Artgerechte Haltung Die gute Nachricht zuerst: Sie bekommen die unerwünschten Verhaltensweisen relativ leicht wieder in den Griff, indem Sie die Ursachen ändern, sich mehr um Ihren Hund kümmern und ihn entsprechend beschäftigen. Allerdings lösen Sie das Problem nur, wenn Sie die Ansprüche des Hundes auf Dauer erfüllen. Gelingt es Ihnen nicht, die Lebensqualität des Hundes zu verändern, sollten Sie lieber einen Platz für ihn suchen, an dem er so gehalten werden kann, wie er es braucht.

Therapeutische Hilfe

Immer wieder begegne ich Hunden, deren genetisch bedingte oder durch menschliches Verschulden erworbene Verhaltensstörungen ohne Hilfe eines Therapeuten nicht in den Griff zu bekommen

sind. Dazu zählen Aggression, Rangordnungsprobleme, Ängste (etwa Schussangst, Gewitterangst, Trennungsängste, Angstbeißen), Hyperaktivität, asoziales Verhalten, eine gestörte Mensch/Hund-Beziehung oder das Schnappen nach Kindern. Erkundigen Sie sich in so einem Fall beim Tierarzt oder Tierschutzverein nach professioneller Hilfe.

Unterstützung vom Fachmann Ein guter Therapeut kommt immer zu Ihnen nach Hause. Er therapiert nicht am Telefon oder in seiner Praxis. Er muss sich einen Überblick über die Lebensumstände, die Haltungsbedingungen und alle Familienangehörigen verschaffen. Auch den Hund kann er nur in seinem natürlichen Umfeld richtig beurteilen. Er kennt und berücksichtigt dabei die Eigenheiten der verschiedenen Rassen. In ausführlichen Gesprächen sucht er nach Ursachen für das Fehlverhalten des Hundes, aber auch seiner Menschen. Nach einem Therapieplan arbeitet er schrittweise mit Ihnen und Ihrem Hund, um die Ursachen der Missverständnisse und so das Problem abzustellen.

Bleiben Sie **konsequent**

SIE SIND DER BOSS Hunde brauchen einen verlässlichen Sozialpartner, der wahre Führungseigenschaften zeigt. Achten Sie daher bei jedem Kontakt mit Ihrem Hund darauf, ob Ihr eigenes Verhalten Chef-Qualitäten aufweist. Von Ihrem Hund werden Sie nämlich laufend beobachtet – und er beurteilt Sie sehr streng. Die kleinste Schwäche Ihrerseits nutzt er zu seinen Gunsten.

ZERSTÖRUNGSWUT Hunde, die tagsüber regelmäßig mehr als drei Stunden allein sind, können aus Langeweile erheblichen Schaden anrichten. Sie brauchen vor und nach dem Alleinbleiben vielfältige geistige Anregungen und körperliche Herausforderungen als Ventil für die überschüssige Energie. Wenn Sie ganztags arbeiten, ist ein Hund nicht das richtige Tier für Sie. Hunde, die tagsüber in Pflegestellen untergebracht sind, haben keinen richtigen Herrn und sind zu bedauern.

DOMINANZ Wenn ein Rüde in einer fremden Wohnung an das Tischbein pinkelt, will er durch das »Markieren« Anspruch auf dieses Revier stellen – wahrscheinlich, weil in dieser Wohnung ein anderer Rüde wohnt. Tut er es in der eigenen Wohnung, stimmt wahrscheinlich in der Rangordnung der Familie etwas nicht. In beiden Fällen will der Hund seine Dominanz demonstrieren. Sein Blick sagt alles: »Wer was dagegen hat, soll es sagen.«

KLÄFFEN Aggression am Gartenzaun ist territorial bedingt. Er verteidigt die Reviergrenze, weil er sich, über längere Zeit im Garten allein gelassen, für die Sicherheit des Grundstücks verantwortlich fühlt.

Spielen und Beschäftigen

Anders als viele Hundehalter vermuten, ist es nicht allein der Bewegungsmangel, unter dem Hunde heute leiden, sondern vor allem die Beschäftigungslosigkeit (→ Seite 50). Genauso hängt auch die Intelligenz der Hunde davon ab, wie viel sie während der Welpen- und Jugendentwicklung spielen durften. Richtiges Spiel mit dem Hund basiert auf gegenseitigem Vertrauen, auf klarer Verständigung und auf der Einhaltung der Rangordnung.

Spielerische Kämpfe Im Spiel mit ihresgleichen messen Hunde ihre Körperkräfte, trainieren ihre Geschicklichkeit und üben alle sozialen Mechanismen, die im Umgang mit Artgenossen für ein problemloses Verstehen sorgen. Dabei fügen sie sich auch dosierte Spielbisse zu, die jedoch nie verletzen. Während dieser äußerst turbulenten Jagdspiele verausgaben sich Hunde bisweilen bis zur totalen Erschöpfung. Daher sollten Sie das Spiel manchmal rechtzeitig beenden, um zum Beispiel Ihren Welpen nicht zu überfordern.

Mensch und Hund Wenn Sie selbst mit Ihrem Hund Körperspiele spielen, müssen Sie immer den dominanten (überlegenen) Part übernehmen. Brechen Sie das Spiel sofort ab, wenn Ihr Hund zu grob wird. Er muss lernen, dass unsere Haut sehr viel empfindlicher ist als die seiner Artgenossen.

Die Jagdleidenschaft umlenken Spiele zwischen Mensch und Hund, die gezielt als positive Bestärkung in die Erziehung und Ausbildung eingebaut werden, fordern nicht nur die körperliche Gewandtheit und Intelligenz des Tieres. Sie können auch seine vom Wolf ererbte Jagdleidenschaft in andere Bahnen lenken. Durch entsprechende Spiele werden ihm nämlich befriedigende Ersatzmöglichkeiten geboten. Gleichzeitig wird die Bindung zu seinem Menschen enger, und der Hund lässt sich leichter führen. Nicht zuletzt dient das kontrollierte Spiel mit dem Menschen auch dem Aggressionsabbau. Hunde, die auf diese Weise artgerecht beschäftigt werden, bleiben ausgeglichen und zufrieden.

Ein lehrreiches Vergnügen

Zunächst sollten Sie mit Ihrem Hund einfach spielen, ohne ihm dafür etwas abzuverlangen (wie »Sitz« oder »Platz«). Erst wenn er gelernt hat, richtig locker zu spielen, und vertrauensvoll und entspannt einen starken Bezug zu Ihnen aufgebaut hat, können Sie langsam Übungen in das Spiel einbauen, die zum Grundgehorsam (→ Seite 44–47) gehören. Wenn Sie ihn nach jeder erfolgreichen Übung sofort

Gemeinsam mit Herrchen Abenteuer in Feld und Flur erleben – eine größere Freude können Sie Ihrem Hund kaum machen.

Wer ist der Schnellste von allen? Das beste Spiel für Halbstarke ist es, zusammen mit ihresgleichen einen Ball zu jagen oder einfach im sozialen Miteinander die jugendlichen Kräfte zu messen. Dabei wird das Selbstbewusstsein der jungen Hunde gefestigt und die Grundlage für ihr Sozialverhalten gelegt.

mit einem lustvollen Spiel belohnen (und somit positiv bestärken), wird er diese Übung immer wieder gerne machen, weil er das Spiel als Belohnung anstrebt. Auf diese Weise lernt er nicht durch sinnlosen Zwang: Statt einer erzwungenen »Unterordnung« wird ihm spielerisch eine freiwillige »Einordnung« möglich. Das bedeutet jedoch nicht, dass er nicht auch lernen muss, Grenzen zu respektieren. Diese müssen Sie ihm beim gezielten und konsequenten Spiel immer wieder deutlich aufzeigen.

Spielregeln sind wichtig

Sie allein bestimmen, wann, wo, womit, wie und wie lange gespielt wird. Stimmen Sie die Dauer, Intensität und Schwierigkeit eines Spiels dabei immer auf die Fähigkeit Ihres Hundes ab. Ganz wichtig: Verzichten Sie bei dominanten Rüden auf körpernahe Kampfspiele.

Spaß für Hund und Halter

Keine Frage: Gemeinsames Joggen kommt nicht nur dem Bewegungsbedürfnis des Hundes entgegen, sondern festigt die Bindung und den Gehorsam. Sie haben aber auch viele andere Möglichkeiten, Ihren Hund spielerisch zu fördern.

Beutespiele Bei klassischen Spielen mit Bällen, bei Zerrspielen mit einem Knotenseil oder einem Rupfensack und bei der schon etwas ernsthafteren Beschäftigung mit dem Bringholz wird das Jagen und Fangen der Beute, das Kämpfen um die Beute oder das Bringen (Apportieren) nachgestellt. Bei diesen Spielen sollte der Hund überwiegend als Sieger vom Platz gehen, damit seine Motivation aufrechterhalten bleibt. Allerdings muss er zwischendurch auch einmal das »Aus« akzeptieren (→ Seite 47).

Such mich Im Wald oder Maisfeld nach einem Familienmitglied suchen, in verschiedenen Kartons nach seinem Lieblingsspielzeug schnuppern oder im Gestrüpp nach einem »verlorenen« Handschuh stöbern: für Ihren Hund bedeutet all dies ein lustvolles Erfolgserlebnis.

Geschicklichkeits- und Intelligenzspiele Ein im Garten oder in der Wohnung aufgebauter Geschicklichkeitsparcours ist ein herrlicher Spaß für Hund und Mensch. Die Geräte dazu müssen Sie nicht kaufen, sie finden sich in jedem Haushalt: Legen Sie einfach ein Bügelbrett über zwei Getränkekisten, schon kann Ihr Hund balancieren. Legen Sie einen Besenstiel auf die Sitzfläche zweier Stühle und hängen Sie ein Handtuch darüber, schon haben Sie ein Sprunghindernis. Doch Vorsicht: In der Wohnung

Beliebtes **Hundespielzeug**	
HARTGUMMI-RING	lässt sich rollen, werfen und herrlich um ihn kämpfen
GUMMIBALL MIT KORDEL	für wurfungeübte Menschen, funktioniert wie eine Schleuder
PREY-DUMMY	mit Futter gefüllter Wurfbeutel, der sofort nach dem Jagderfolg mit »Beute« belohnt
DUMMY MIT FELL	natürlicher Beuteersatz zum Tragen, Verstecken und Werfen
SCHWIMM-DUMMY	tolles Spielzeug für schwimmfreudige Hunde im Sommer
HARTES TAU MIT KNOTEN ODER VERKNOTETE ALTE HANDTÜCHER	ideal für Zerrspiele mit Artgenossen und Menschen; Zerrspiele nur spielen, wenn die Rangordnung stimmt
QUIETSCHTIERE	sie nerven den Hundehalter, motivieren aber oft spielfaule Hunde
BEISSWURST AUS JUTE	prima zum Tragen, Werfen oder für Beißspiele
FRISBEE MIT WEICHEM RAND	nur für absolut gesunde und springfreudige Hunde
VERSCHIEDEN GROSSE KARTONS	herrlich zum Verstecken und Suchen von Gegenständen oder einfach nur zum ausgelassenen Zerreißen

Je nasser, desto besser: Wasser ist für einen schwimmfreudigen Hund wie den Labrador-Retriever das reinste Lebenselixier. Gönnen Sie ihm den Spaß.

So ein Geländegang macht Spaß; er ist allerdings auch gefährlich. Das Holz kann wegrollen, der Hund abrutschen und sich ein Bein brechen.

können turbulente Spiele auf glatten Böden für den Hund schnell gefährlich werden. Für Intelligenzspiele dagegen ist die Wohnung ideal. Dort wird Ihr Hund durch nichts abgelenkt. Im Fachhandel finden Sie Spiele, die zum Beispiel nur dann ein Leckerli herausgeben, wenn der Hund an bestimmten Stäben zieht oder Scheiben verdreht. Achten Sie beim Kauf unbedingt auf massive Verarbeitung und auf unbehandeltes und ungefärbtes Holz. Nur dann haben Sie und Ihr Hund lange Freude daran.

Ab ins Wasser

Die meisten Hunde lieben Wasser, sofern sie von klein auf daran gewöhnt wurden. Nichtsdestotrotz stellen sich manche erst einmal ungeschickt an – obwohl Hunde eigentlich von Geburt an schwimmen können. Mit diesen Tieren müssen Sie zunächst in nicht zu tiefem Wasser mit Geduld üben, bis sie sich sicher bewegen. Mit der Zeit trauen sie sich langsam auch ins tiefere Wasser, wo sie schwimmen müssen. Wenn sie dann noch einen Schwimm-Dum-

my oder ein dickes Holz aus dem Wasser holen dürfen, kann so manche Wasserratte gar nicht mehr genug kriegen. Ein Wermutstropfen: Stellen, an denen Hunde schwimmen dürfen, werden immer seltener. Beachten Sie unbedingt Badeverbote, und lassen Sie Ihren Hund nie in Flüssen mit starker Strömung schwimmen. Das Wichtigste aber: Auf Befehl muss Ihr Hund sofort aus dem Wasser kommen.

Ein Gespann: Hund und Wagen

Manche Rassen, wie Berner Sennenhund oder Rottweiler, eignen sich hervorragend dazu, vor spezielle Wägen gespannt zu werden. Sie sind sogar kräftig genug, Kinder darin herumzufahren. Für lebhaftere und noch zugfreudigere Hunde gibt es besonders leichtgängige Trainingswagen auf vier Rädern, die beinahe wie ein Sulky aussehen.
Natürlich muss der Hund das Ziehen erst behutsam lernen. Gerade Hunde mit eher schwachem Wesen geraten anfangs leicht in Panik, weil sie denken, der Wagen würde sie verfolgen.

Radfahren – besser nicht

Eine beliebte Methode, den Hund richtig müde zu machen, ist für viele Hundehalter das Radfahren. An der Leine neben dem Fahrrad herzurennen, halte ich allerdings weder für eine artgerechte Beschäftigung noch für ein Spiel. In extremen Fällen grenzt es sogar an Tierquälerei, zum Beispiel in brütender

So ein großer Ball lässt sich herrlich über die Wiese treiben. Das macht genauso viel Spaß wie Jagen und ist daher ein guter Ersatz dafür.

Sommerhitze. Kaum ein Hund will nur sinnlos geradeaus rennen, ohne sich dabei mit seinem Geruchssinn orientieren zu dürfen. Das monotone

Laufen am Rad hindert das Tier daran, einmal stehen bleiben zu können, etwa um zu markieren. Sicher, es gibt Ausnahmen, etwa wenn das Laufen als REHA-Maßnahme nach krankheitsbedingtem Muskelabbau »verschrieben« wird. Allerdings sollte es auch dann nur unter Anleitung eines Fachmannes erfolgen, etwa als gezieltes Intervalltraining. In Ausnahmefällen ist auch das freie Laufen am Rad zu tolerieren, sofern sich der Radfahrer am Tempo des Hundes orientiert. Doch dies ist aufgrund der Verkehrssituation nur bedingt möglich – und es verlangt vom Hund absoluten Gehorsam.

Spielerische Herausforderungen

Hunde lieben es, wenn Sie ihnen während des Spaziergangs Aufgaben stellen, die sie zusammen mit Ihnen lösen können. Bauen Sie einfach alle Übungen, die der Hund bei der Grunderziehung gerade lernt oder schon gelernt hat, vermischt mit Jagd- oder Suchspielen und reichlichen Schnupperphasen, in den Spaziergang ein. »Sitz« oder »Platz« auf Entfernung oder enges Fußgehen bei »Gegenverkehr« mit anschließender Spielauflösung oder Futterbelohnung macht dem Hund Spaß und erspart oft langweilige, extra angesetzte Übungsstunden. Gleichzeitig wenden Sie das Erlernte in der Praxis an, was manchen Hundehaltern nicht gelingt. Deren Hunde funktionieren einmal in der Woche auf dem Übungsplatz gut, versagen aber im täglichen »Gebrauch« kläglich. Hunde, die sich beim Freilauf weit von ihren Besitzern entfernen und nur ihren eigenen Interessen nachgehen, beweisen, dass ihnen ihre Bezugsperson, die so einfallslos hinter ihnen nachläuft, wenig zu bieten hat. Hunde hingegen, die dauernd damit rechnen können, dass ihrem Begleiter etwas Tolles einfällt, laufen nicht weit weg. Sie könnten ja etwas verpassen.

Sport mit dem Hund

Die verschiedensten Hundeverbände – und damit sicher auch mehrere Vereine in Ihrer Nähe – bieten heute eine Reihe von Hundesportarten an. Für Ihren Hund sind dabei all die Sportarten ideal, die gleichermaßen seine körperliche Gewandtheit, seine Intelligenz und seinen Gehorsam fordern. Der Sportpass des Deutschen Hundesportverbands (dhv) begleitet den Hundesportler dabei während der gesamten aktiven Laufzeit. Je nach Leistung und Punktzahl gibt es die dhv-Sportnadeln in Bronze, Silber, Gold und Gold mit Kranz.

Vielfältiges Angebot

Für die meisten Sportarten müssen Sie eine bestandene Begleithundprüfung nachweisen, die den Grundgehorsam Ihres Hundes bestätigt. Auch der Hundehalter muss in einer schriftlichen Prüfung seinen Sachkundenachweis erbringen. Im Sport müssen sich Hund und Mensch dann der jeweiligen Turnierordnung mit ihren Wettkampfrichtlinien unterwerfen. Und ganz wichtig – egal für welche Sportart Sie sich entscheiden: Der Wettkampfsport ist nur etwas für absolut gesunde Hunde.

Agility Der Hund muss einen von Turnier zu Turnier anders gestalteten Parcours mit Hindernissen fehlerfrei und so schnell wie möglich überwinden. Er muss sich auch auf Entfernung lenken lassen, denn der Führer ist nicht immer an seiner Seite.

Turnierhundsport Wird als Vierkampf gewertet, bei dem erst Gehorsamsübungen, dann Hürdenlauf, Slalomlauf und Geschicklichkeitsparcours absolviert werden müssen.

1 HOCH HINAUS Bei allen Hundesportarten, die Sprünge beinhalten, sollte der Tierarzt im Vorfeld sein Okay geben, dass der Hund gesund ist.

2 IMMER DER NASE NACH Der fehlerfreie Slalomlauf verlangt vom sportlichen Hund in gleichen Maßen Intelligenz, Geschicklichkeit und den Willen zur Unterordnung.

3 AUGEN ZU UND DURCH Um das erste Mal durch einen Tunnel zu laufen, braucht ein Hund eine gehörige Portion Mut und Selbstbewusstsein.

Geländelauf Laufstrecken von 2000 und 5000 Metern; der Hund trägt dabei ein Halsband oder ein Geschirr, der Hundeführer hält die ganze Strecke über die Leine in der Hand.

Fährtenhundprüfung Nach einer bestandenen Begleithundprüfung kann der talentierte Hund die Fährtenhundprüfungen in verschiedenen Schwierigkeitsgraden ablegen.

Obedience Anspruchsvolle Gehorsamsübungen, die perfekte Teamarbeit voraussetzen.

Vielseitigkeitsprüfung Die frühere Schutzhundprüfung besteht aus Fährtenarbeit, Unterordnung und Schutzdienst; sie ist die klassische Sportart für Dienst- und Gebrauchshunderassen oder Mischlinge dieser Rassen.

Flyball Zwei Mannschaften starten zeitgleich mit je vier Hunden. Jeder Hund muss auf Befehl seines Führers vier kleine Hürden überwinden, den Hebel der Ballmaschine niedertreten, den herausgeschleuderten Ball fangen und damit so schnell wie möglich über die Hürden zurück zur Ziellinie laufen. Hat er diese fehlerfrei überquert, startet der nächste Hund. Die Mannschaft, die als erste alle Hunde fehlerfrei im Ziel hat, ist Sieger.

Dog Dancing Diese Sportart steckt in Deutschland noch in den Kinderschuhen. Die Kunst besteht darin, sich zu passender Musik synchron mit dem Hund tänzerisch zu bewegen. Die dazugehörige Choreografie müssen Sie sich selbst erarbeiten; sie wird ebenfalls bewertet.

Trials für Hütehunde Bei dem Hütewettbewerb muss der Hund Schafe über einen Parcours (Trial) treiben und dabei bestimmte Aufgaben erfüllen, beispielsweise einpferchen, durch ein Tor treiben oder einzelne Tiere von der Herde absondern. Die Hunde arbeiten selbstständig und erhalten Kommandos oft nur auf große Entfernungen.

Ein eingespieltes Team: Gemeinsam mit seinem Frauchen zeigt dieser Hund bei schnellster Gangart, dass er sich perfekt anpassen kann.

Spaß am **Hundesport**

BEGEISTERUNG WECKEN Die vielfach bewunderte, hohe Motivationsbereitschaft der Spitzen-Sporthunde hat wenig mit Arbeitsfreude im menschlichen Sinne zu tun. Vielmehr sind Neugier und Spannungssuche der größte Antrieb für den Einsatz. Und dieser ist ebenso wie die Intelligenz Ihres Hundes das Ergebnis einer optimalen Förderung im Welpen- und Junghundalter.

MITMACHEN ZÄHLT Missbrauchen Sie Ihren Hund nicht als Sportgerät. Bei allem Ehrgeiz im Wettkampf sollte Ihnen als »Hundesportler« das Gefühl der harmonischen Verbindung mit Ihrem Hund immer mehr wert sein als jeder Pokal. Machen Sie es wie Ihr Hund: Ihm sind Ehrungen und Preise völlig egal.

Urlaub – wohin mit dem Hund?

Keine Frage: Für den Hund ist es am schönsten, wenn er Sie im Urlaub begleiten kann. Ersparen Sie ihm dennoch Flug- oder Busreisen, vor allem in heiße südliche Länder, wo er sich möglicherweise noch mit hier unbekannten Erregern infiziert. Bei einem solchen Reiseziel ist es besser, Ihr Liebling wird zu Hause betreut. Vielleicht kennen Sie ja jemanden, mit dem Sie sich beim »Hunde-Sitting« abwechseln können. Anderenfalls müssen Sie rechtzeitig für einen behüteten Platz sorgen.

Hundepension Erkundigen Sie sich bei anderen Hundehaltern über verschiedene Betriebe. Besichtigen Sie die infrage kommende Anlage, und schauen Sie sich an, wie die Hunde untergebracht sind. Es gibt leider viele schlechte Hundepensionen.

Pflege auf Zeit im Tierheim Gar keine schlechte Alternative zur Pension ist das Tierheim. Ihr Hund kann vorher schon einmal reinschnuppern, und Sie unterstützen die Tierschutzarbeit.

Mit dem Hund auf Reisen

Soll der Hund mitkommen, suchen Sie frühzeitig eine Region und ein Hotel, in denen auch Vierbeiner willkommen sind. Erkundigen Sie sich darüber, ob an Ihrem Urlaubsort ein erhöhtes Krankheitsrisiko besteht (etwa Leishmaniose-Riskio durch Sandmücken). Und denken Sie daran, dass Hunde nicht in allen Ländern willkommen sind. Schützen Sie Ihren Hund, indem Sie ihn immer beaufsichtigen. Lassen

Sie ihn nicht von der Straße fressen (Vergiftungsgefahr) und aus Pfützen trinken (Infektionsgefahr).

Das gehört in den Hundekoffer EU-Heimtierausweis (Nachweis über aktuelle Tollwutimpfung), Leine, Halsband mit aktueller Adresse und Handy-Nummer, Maulkorb, Decke, Napf, Futter, Dosenöffner, Löffel, Flasche für Frischwasser, Zeckenzange, Pflegeutensilien und Notfallapotheke. Wichtig: Handtücher für schmutzige Pfoten nicht vergessen.

Kann der Hund im Urlaub bei Freunden oder Bekannten bleiben, kennt er seinen Dogsitter wahrscheinlich schon recht gut. Der Abschied fällt ihm dann nicht so schwer.

Die **halbfett** gesetzten Seitenzahlen verweisen auf Abbildungen, U = Umschlag, UK = Umschlagklappe.

A

Abfall fressen UK hinten
Agility 57
Airedale Terrier 3, 10, **10**, 30
aktive Unterwerfung 38
Allein lassen UK hinten
Alter 13, 30–31
Alterserscheinungen 32–33
Angst **UK** vorn
Apportieren 38, 54
artgerechte Haltung 14, 50
Atemfrequenz 27
Aufreiten **37**
Augen 40
  – reinigen 25, **25**
Aus (Befehl) 47
Australian Shepherd 10, **10**, 15, 27, **53**, **56**

B

BARFen 22
Bellen UK vorn 38
Beschäftigung 12, 52–56
Beutespiele 54
Bleib (Befehl) 46, **47**
Blindenhund 8
Border Collie 12, **37**

D

Dackel 10, **10**
Dalmatiner **14**, 42
Demodex-Räudemilben 28
Deutscher Schäferhund **7**
dhv (Hundesportverband) 57
Dog Dancing 58
Domestikation 6
Dominanzverhalten 37, **51**
Drohverhalten 37
Durchfall 27

E

Eingewöhnung 20, **20**
Ellbogen einreiben 25
Erfahrung 19
Ernährung 22–23
Erziehung 12–13, 42–47

F

Fährtenhundprüfung 58
FCI-Gruppen 8–9
Fell 24–25, 41
Fellpflege 24–25
Fertigfutter 22
Fiepen 38
Flöhe 28
Flyball 58
Fortpflanzung 30–31
Fuß gehen 45
Futternapf 16, **17**, 23
Fütterregeln 23
Futterrhythmus 23

G

Gebiss 22, **25**
Geländelauf 58
Geschicklichkeitsspiele 54
Geschlechtsreife 30
Gesellschaft 12
Gesundheitskontrolle 26
Grasfressen 23
Größe 13
Grundausstattung 16
Grundgehorsam 44–47, 52

H

Haftpflichtversicherung 16
Halsband 16, **17**
Halskragen **27**
Haltung, artgerechte 14, 50
Hautparasiten 28
Hecheln 23
Heimfahrt 20
Heimtiere, andere 13, **43**
Hetzjäger 6

Hier (Befehl) 46–47
Hilfe, therapeutische 50
Hitze 30–31, 49
Hörzeichen 45–47, **46–47**
Hundepension 59
Hundepfeife 16, **17**
Hundeschule 45
Hundesenioren 32–33
Hunde-Sitting 59
Hundespielzeug 16, **17**, 54
Hundesport 57–58, **57–58**
Hundesprache 36–39
Hundeverbände 57
Hündin 13, 30
  –, läufige 31, 49
Hütchenspiel **33**

I

Impfpass 26
Imponiergehabe **UK vorn**, 36–37
Innenparasiten 28
Intelligenzspiele **33**, 54

J

Jack Russel Terrier **7**
Jagdinstinkt 43
  – umlenken 52
Jagdleidenschaft 52

K

Kämpfe, spielerische 52
Kastration 31
Kinder, Gewöhnung an 43
Kläffen **51**
Kleinpudel 11, **11**
Knochen **22**, 23, 25
Knurren 39
Komm (Befehl) 46–47
Komplettnahrung 22
Körperbau 40–41, **40–41**
Körperpflege 24–26
Körpersprache 36, 39
Körpertemperatur messen 27

Kot 26, 28
Krallen pflegen 25
Krankheiten 29
Kreischen 39

L

Labrador Retriever 11, **11**, **21**, **32**, **48**, **55**, UK hinten
Läuse 28
Leberentzündung 26
Leine 16, **17**
Leinenführigkeit 44–45, **44**
Löseplatz 20

M

Massenzucht 15
Medikamente eingeben 28, **28**
Mikrochip 15
Modehunde 15
Mops 11, **11**, **48**

N

Name (des Hundes) 20
Nase 40
Nein (Befehl) 47

O

Obedience 58
Ohren 41
  – reinigen 25, **25**

P

Parvovirus-Infektion 26
passive Unterwerfung 38
Pflegeutensilien 16, **17**
Pfoten 41
  – pflegen 25
Pfui (Befehl) 47
Pinkeln, unerwünschtes **51**, UK hinten
Platz (Befehl) 46, **47**
Problemhund 15, 50, **51**
Puls fühlen 27

R

Radfahren 56
Rasse 7, 8, 12, 14, 30, 42, 50
Reinzucht 8
Rückenlage UK vorn
Rüde 13, 30

S

Schlafplatz **12**, 16, **17**
Schnauze pflegen 25
Schreien 39
Schwimmen 55, **55**
Sichtzeichen **46–47**
Sitz (Befehl) 46
Sozialisierungsphasen 42–47
Sozialverhalten 5, 42
Spielaufforderung 38, **38**, 47
Spielbisse 52
Spielen 52–56, **53**
spielerische Kämpfe 52
Spielregeln 53
Stammbaum 14
Standhitze 30–31, 49
Staupe 26
stubenrein 20
Stuttgarter Hundeseuche 26

T

Tabletten eingeben 28
Tätowierung 15
Tasthaare 41
therapeutische Hilfe 50
Tierarzt 16, 25, 26–28, **26**, 33
Tierheim 13, 15
Tollwut 26
Treibball **56**
Trials 58
trinken 23
Trockenfutter 23
Turnierhundsport 57

U

Unsicherheit 37
Unterordnungsübungen 44

Unterwerfung, aktive 38
Unterwerfung, passive 38
Unterwürfigkeit 37–38
Urin 26
Urlaub 59

V

VDH (Verband für das Deutsche Hundewesen) 14
Verdauungsapparat 22
Verhaltensstörungen 50
Vielseitigkeitsprüfung 58

W

Wälzen UK vorn
Wassernapf 16, **17**
Welpen 13–14
Welpenleine 16, **17**
Welpenspiel **37**
Welpenspielstunde 42
Welpenwahl 15, **14**
Winseln 38
Wolf 6–7, **6**, 22, 24
Würmer 28

Z

Zähne 40
  – fletschen 36
  – kontrollieren **25**
Zahnstein 25
Zecken 28
Zerstörungswut **51**
Zucht 8
Züchter 14–15, 26

Verbände/Vereine

› Verband für das Deutsche Hundewesen e. V. (VDH)
Postfach 104154
D-44041 Dortmund
www.vdh.de
› Fédération Cynologique Internationale (FCI)
Place Albert 1er, 13
B-6530 Thuin
www.fci.be
› Deutscher Hundesportverband e. V. (dhv)
Gustav-Sybrecht-Straße 42
D-44536 Lünen
www.dhv-hundesport.de
› Österreichischer Kynologenverband (ÖKV)
Siegfried-Marcus-Straße 7
A-2362 Biedermannsdorf
www.oekv.at

Wichtiger **Hinweis**

› Die vorgestellten Ratschläge können nur Empfehlungen sein. Sie basieren auf den jahrzehntelangen Erfahrungen des Autors.

› Aufgrund genetischer Belastungen, mangelhafter Sozialisierung oder schlechter Erfahrungen können Hunde zu Verhaltensauffälligkeiten neigen. So ein Tier sollte nur von einem erfahrenen Halter aufgenommen werden.

› Lassen Sie sich bei Problemen bei der Erziehung oder bei der Ausbildung von einem erfahrenen Hundetrainer helfen.

› Schweizerische Kynologische Gesellschaft (SKG/SCS)
Postfach 8276
CH-3001 Bern
www.hundeweb.org
› Interessengemeinschaft Deutscher Hundehalter e. V.
Auguststraße 5
D-22085 Hamburg
› Deutscher Tierschutzbund e. V.
Baumschulallee 15
53115 Bonn
www.tierschutzbund.de

Fragen zur Haltung

beantworten Ihr Zoofachhändler und der Zentralverband Zoologischer Fachbetriebe Deutschlands e. V. (ZZF)
Tel.: 0611/447553-32
(nur telefonische Auskunft möglich: Mo 12–16 Uhr, Do 8–12 Uhr)
www.zzf.de

Registrierung von Hunden

› TASSO e. V.
Abt. Haustierzentralregister
D-65795 Hattersheim am Main
Tel.: 06190/937300
www.tasso.net

Hunde im Internet

Infos rund um den Hund:
› www.hunde.com
› www.hundewelt.de
› www.hundezeitung.de
› www.hunde.at
› www.meinhund.ch (Artgerechte Ernährung, BARFen)
› www.tiermedizin.de (Gesundheit)
Hundesport:
› www.dhv-hundesport.de

› www.oegv.at
› www.dogevents.ch
Urlaub mit dem Hund:
› www.ferien-mit-hund.de

Bücher, die weiterhelfen

› Birmelin, I.: Schlauer Hund. Gräfe und Unzer Verlag, München
› Bloch, G.: Der Wolf im Hundepelz. Franckh-Kosmos Verlag, Stuttgart
› Feddersen-Petersen, D.: Hundepsychologie, Franckh-Kosmos Verlag, Stuttgart
› Hegewald-Kawich, H.: 300 Fragen zur Hundeerziehung. Gräfe und Unzer Verlag, München
› Hegewald-Kawich, H.: Hunde-Rassen von A bis Z. Gräfe und Unzer Verlag, München
› Schlegl-Kofler, K.: Das Große GU Praxishandbuch Hunde-Erziehung. Gräfe und Unzer Verlag, München
› Schlegl-Kofler, K.: Hundesprache. Gräfe und Unzer Verlag, München
› Wegler, M.: Hundekinder entdecken die Welt. Gräfe und Unzer Verlag, München
› Zimen, E.: Der Hund. Bertelsmann Verlag, München

Zeitschriften

› Der Hund. Deutscher Bauernverlag GmbH, Berlin
› dogs. Gruner + Jahr, Hamburg
› Unser Rassehund. Hrsg. Verband für das Deutsche Hundewesen e. V., Dortmund

Versicherung

Fast alle Versicherungen bieten auch Haftpflichtversicherungen für Hunde an.

Freude am Tier

Die neuen Tierratgeber – da steckt mehr drin

Unser Welpe

ISBN 978-3-8338-0595-0
64 Seiten

Hunde-erziehung

ISBN 978-3-8338-0523-3
64 Seiten

Hunde-sprache

ISBN 978-3-8338-1195-1
64 Seiten

Preis je Band: **7,90 €**

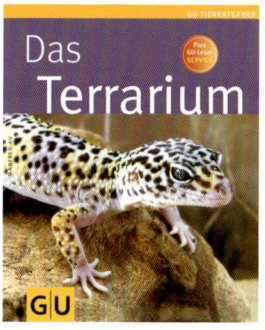

Das Terrarium

ISBN 978-3-8338-1168-5
64 Seiten

Mein Hund macht was er will

ISBN 978-3-8338-1197-5
64 Seiten

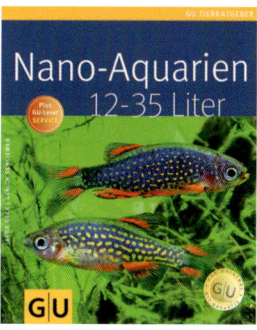

Nano-Aquarien 12-35 Liter

ISBN 978-3-8338-1269-9
64 Seiten

Änderungen und Irrtum vorbehalten.

Das macht sie so besonders:

Praxiswissen kompakt – vermittelt von GU-Tierexperten

Praktische Klappen – alle Infos auf einen Blick

Die 10 GU-Erfolgstipps – so fühlt sich Ihr Tier wohl

Willkommen im Leben.

Unsere Garantie

Alle Informationen in diesem Ratgeber sind sorgfältig und gewissenhaft geprüft. Sollte dennoch einmal ein Fehler enthalten sein, schicken Sie uns das Buch mit dem entsprechenden Hinweis an unseren Leserservice zurück. Wir tauschen Ihnen den GU-Ratgeber gegen einen anderen zum gleichen oder ähnlichen Thema um.

Liebe Leserin und lieber Leser,

wir freuen uns, dass Sie sich für ein GU-Buch entschieden haben. Mit Ihrem Kauf setzen Sie auf die Qualität, Kompetenz und Aktualität unserer Ratgeber. Dafür sagen wir Danke! Wir wollen als führender Ratgeberverlag noch besser werden. Daher ist uns Ihre Meinung wichtig. Bitte senden Sie uns Ihre Anregungen, Ihre Kritik oder Ihr Lob zu unseren Büchern. Haben Sie Fragen oder benötigen Sie weiteren Rat zum Thema? Wir freuen uns auf Ihre Nachricht!

Wir sind für Sie da!
Montag – Donnerstag: 8.00 – 18.00 Uhr;
Freitag: 8.00 – 16.00 Uhr *(0,14 €/Min. aus
Tel.: 0180-5 00 50 54* dem dt. Festnetz/
Mobilfunkpreise
Fax: 0180-5 01 20 54* können abweichen.)
E-Mail:
leserservice@graefe-und-unzer.de

P.S.: Wollen Sie noch mehr Aktuelles von GU wissen, dann abonnieren Sie doch unseren kostenlosen GU-Online-Newsletter und/oder unsere kostenlosen Kundenmagazine.

GRÄFE UND UNZER VERLAG
Leserservice
Postfach 86 03 13
81630 München

Programmleitung:
Christof Klocker
Leitende Redaktion: Anita Zellner
Redaktion: Cornelia Nunn
Lektorat: Sylvie Hinderberger
Bildredaktion: Daniela Laußer
Umschlaggestaltung und Layout: independent Medien-Design, München
Herstellung: Claudia Labahn
Satz: Uhl + Massopust, Aalen
Reproduktion: Longo AG, Bozen
Druck: Firmengruppe Appl, aprinta druck, Wemding
Bindung: Firmengruppe Appl, sellier druck, Freising

Printed in Germany

ISBN 978-3-8338-0184-6

1. Auflage 2008

Der Autor

Horst Hegewald-Kawich, lange Zeit Diensthundeführer bei der Polizei sowie Sporthundeausbilder, Blindenführhund-Gespannprüfer und Turnierhundsport-Bewerter, berät heute Hundehalter bei Missverständnissen zwischen Mensch und Hund nach seinem Motto: »Was mir die Hunde erzählen, sage ich den Menschen.«

Der Fotograf

Oliver Giel hat sich auf Natur- und Tierfotografie spezialisiert und betreut mit seiner Lebensgefährtin Eva Scherer Bildproduktionen für Bücher, Zeitschriften, Kalender und Werbung. Mehr über sein Fotostudio finden Sie unter www.tierfotograf.com

Bildnachweis

Alle Fotos in diesem Buch stammen von Oliver Giel mit Ausnahme von: Corbis: 8; Mauritius: Cover; Schanz: 11 ob.; Waldhäusl: 37 li.; Wegler: 37 re. und Autorenfoto.

GRÄFE UND UNZER

Ein Unternehmen der
GANSKE VERLAGSGRUPPE